限界集落の経営学

活性化でも
撤退でもない
第三の道、
粗放農業と
地域ビジネス

斉藤俊幸 著

学芸出版社

目次

第8章　国の投資と地域ビジネスによる農地・農村維持　173

序章
限界集落の経営学

1 地域とビジネスのイノベーション

●組織の変革と所得向上から考える

人口減少社会に入り、農地と農村集落に関する地域政策の分野で活発な議論が起こっています。主なものを紹介すると、農村撤退論、むらおさめ論、農村たたみ反対論、食料安全保障論などです。本書は農村の消滅危機を煽るものではありません。農地と農村を二分する議論に、第三の道として放牧と地域ビジネスの現場から具体的に地域活性化政策の方向性を提案したいと考えています。

加えて農地と農村の存続に関する最大の問題点は、結束の固い長老組織にあると考えています。固い結束の組織からはイノベーションは生まれません。これでは地域が持っている地域ビジネスを後継者にバトンタッチすることができず、集落は無住化を待つばかりです。

また農地と農村を維持するためには、大都市と地方の所得格差を解消し、後継者の所得の向上を図る必要があります。大都市と地方の所得格差の拡大が無策のまま今後も続くと、やがて政治問題化します。所得格差に対する不満から紛争へとつながる現象は世界の各地で起きています。日本が例外であることはありません。この紛争を回避するためには、地域ビジネスによる所得の新たな配分方法を考える必要があります。ここでも社会的価値を市場価値に変換できる地域ビジネスによる所得配分が有効です。

●土地利用型地域ビジネスとは

では地域ビジネスとは何か。それはイノベーションを生むことができる土地からの産物を活かした中量生産のビジネスです。生産工場から毎日同じ商品を10トン車で搬送するのが大量生産です。農家の手作りにより、農家が住んでいる市町村を対象として農産加工品を販売するのは少量生産です。工場が立地する都道府県を主な対象として営業車によって商品を供給するのが中量生産です。

2000年代に入り、地域再生事業の時代に突入しました[注1]が、支援が少量生産に偏っていました。現在にいたるまでの20年間の地域ビジネスに対する国の助成は職業訓練、商品開発、販路開拓に関わる外部専門家の人件費に集中していたのです。農業分野においては六次産業化政策により、優れたレシピで作られた商品や高級感あふれる包装デザインの商品を多く生みだしましたが、商品が手作りであるため、販路拡大や収益に限界があり、その多くが農家所得の向上に寄与しませんでした。

例外を除いて、農家は消費者に対して直接的な販路を持たず、生産規模の拡大へ向けた投資に手を出すことができなかったのが実情です。この結果、六次産業化によって次の時代を切り拓くようなイノベーションは生まれなかったのではないでしょうか。このため、内発的発展論で重要視される地域の「自立更新」につながることはありませんでした。〝失われた30年〟とは、日本がバブル崩壊という経済的な破綻に直面し、企業も政府も大規模な投資意欲に後ろ向きになり、イノベーションの機会を失い、地方は自己破壊を起こしていたのではないかと筆者は考えます。

では、農地を維持するために、どのような地域ビジネスが良いのでしょうか。それは粗放化（粗放農業）によって農地を維持できる地域ビジネスです。集落や集落住民が所有する農地だけではなく、同じような空間を共有する複数の集落が広域的に連携して、粗放的な生産（粗放農業）を行い、それを束ね、市場価値へと変換できる地域ビジネスが求められます。筆者はそれを土地利用型地域ビジネスと定義しました。

代表的な土地利用型地域ビジネスとしては、乳業会社があります。乳業会社は牧草を栽培し、乳牛を飼養し、生乳を生産する酪農家を束ね、市場価値に変換しています。ただ乳業業界は飽和状態なので、本書では、肉用牛繁殖農家が放牧で飼養する和子牛を生産するための受精卵ビジネスや大豆の粗放的生産を束ねる大豆ミートビジネスなどを例として取り上げています。

今さらなぜものづくり産業なのかの問いに対しては、農地を引き継ぐ地域ビジネスでないと長老組織からのバトンタッチが成立しないからと答えたいと思います。集落に住む人がいなくなり、所有者が都会にいるような土地に不動産会社が入る事態が予想されます。不動産会社はその土地を安価で購入し、外部の企業に売り渡すのであれば、たとえそこで地域ビジネスが誕生したとしても、それは内発的発展と言えません。もうあまり時間は残されていないのです。このため、現実的に実現可能な土地利用型地域ビジネスをスタートしイノベーションを継続することで、次のイノベーションを誘発することしか選択肢は残されていないのです。そのため5年以内に各地で具体的に実現できるような土地利用型地域ビジネスを提案しようと考えています。

●粗放農業と地域ビジネスの先に創発が起こりうる

筆者は青森市や高松市の中心市街地がコンパクトシティの代表例として脚光を浴びた時期に、中心市街地に「買い物難民」が取り残されているのではないかとの問題提起をしました。硬直した地域に外部専門家が入ることが有効であることが分かり始めた時期に、住み込み型の外部人材がさらに有効であることを筆者自らがモデルとなり示したことで、住み込み型の「地域おこし協力隊」が誕生しました。その後、「地域おこし協力隊」制度は創発的な展開を示し、移住制度の切り札として飛躍的な発展を遂げました。

農村撤退論のなかには農地の粗放的管理（粗放農業）が段階的な撤退の選択肢としてあり、この段階をへて農地を森に帰すというシナリオがありますが、筆者は農地の粗放農業には、ビジネスチャンスが存在するのではないかと見ています。筆者はこの小さな隙間の向こうに、人口減少で苦戦する日本を救う大きなビジネス領域が隠されている可能性があると注目しています。「買い物難民」や「地域おこし協力隊」の制度化に共通する小さな隙間が見えます。「買い物難民」がそうであったように、「地域おこし協力隊」がそうであったように、この先の展開は、シナリオどおりにはいかず、まったく分からない状況であると思います。つまり創発が起きるということです。

●粗放農業の適任者はすでにいる

本書では、適正規模の経営を提案する酪農家を追いました。北海道の三友盛行氏のリラックス農業と岩手県の中洞正氏の山地放牧です。それぞれ多くの若者が共鳴し、適正規模の農業を追随しています。三友氏は主に北海道において、若い新規就農者に大きな影響を与えました。また中洞氏は北海道以外の日本の各地に実践者を生みました。筆者はこれらの実践者を中心にヒアリングしました。若い新規就農者はみな、仕事は生きていける目途が立つのであればそれでよく、仕事より家族を大切にしたいと話していました。地元出身の酪農業や肉用牛繁殖農家が大きな投資を進め、成長を目指す姿とは異なるものでした。

こうした非競争性とも言うべき特徴は、これからの日本にとって重要な存在となるのではないでしょうか。人口減少社会に突入し、すべてが規模や効率性の競争ではなく、粗放農業で価値を生むことができれば、人口減少社会だからこそ実現できる新たな日本の姿を生むことになるでしょう。そして農地の粗放農業の適任者はすでに存在しているのです。

2 イノベーションを誘発する

●広域農地を対象としたプッシュ型支援

本書で伝えたいことを冒頭で簡単に説明します。まずは農村集落の組織と農地のビジネスとしての活用を分離し、農地の活用を考えるということです。集落の組織は選択肢がないまま追い込まれており個々に解決策を見出すことが難しい状況です。まさに集落は思考停止状態にあります。このため筆者は広域で農地の維持を考えることを問題提起し、適正規模の農業の戦略的な集積を農地・農村維持の解決策として提案しています。

これは一集落から見るとボトムアップではなく、広域からのトップダウンだとの批判もあるかと思います。しかしその批判は当たらないと考えています。今、集落は消滅という危機に直面しています。これは国家的な危機であり、国が中心となってこの危機を回避するというミッションが優先されるべきであると考えるからです。このため集落政策においては、災害時に発動される国からのプッシュ型支援への転換を提言します。

●投資と経営とオペレーションの分離

筆者は都市整備や景気浮揚を名目とした旧来型の建築・土木投資と、地域ビジネスにおいてイノベーションを誘発するための設備投資とは分けて考えるべきであると主張しています。では誰が土地利用型地域ビジネスのリーダーとなりうるのでしょうか。

まず誰が設備投資のリスクを背負うのか？　集落住民は高齢化し、借金を背負って中量生産規模の工場の設備投資を実施することは難しいことが多いでしょう。この答として、筆者は設備投資のリスクは国が担うべきであると主張しています。設備投資に関わるリスクと土地利用型地域ビジネスの経営とが分離できれば、外部からの経営人材の招聘と集落住民によるオペレーションで十分です。

また投資リスクがなければ、事業に参入する経営人材も飛躍的に増えるのではないかと考えます。国の重点的な設備投資により、経営に関する新たなビジネス領域が誕生するのではないでしょうか。土地利用型地域ビジネスは単に商品を生産することではなく、イノベーションを起こすことが使命となるという新領域です。このような地域ビジネスの萌芽を本書で紹介しています。

●所得倍増を目指す

前述のとおり本書では、農地と農村を維持するためには、大都市と地方の所得格差を解消し、後継者の所得の向上を図ることが必要であると述べています。このため具体的な政策に関して言及しています。

一つは国の直接投資により投資リスクがなくなることや国家財産であるため固定資産税が免除されることにより、収益向上が可能となります。この収益向上を人件費に充当すれば、人件費はアップできます。

また、地方公務員の月12日勤務を提案しています。これは消防署の勤務体系です。人事院が国家公務員の週休3日制の導入を勧告しており、地方自治体でも試験的運用が始まっています。これを踏まえ、1日おきの勤務体系とし、休日となる時間に、集落住民と協働して土地利用型地域ビジネスを起業することを提案しています。これにより、農地が活用され、所得の向上が見込まれるのであれば、地域に定住する根拠も明確となると考えています。

③ 現場・現実から現物を差し出す

本書では公害を蒔き散らした重化学工業が登場します。集落の長老組織に対してモノ申しています。所得格差を解消するため、設備投資を解決策としています。おまけに地域外の経営人材による遠隔操作まで登場します。SDGs、サステナブル、ウェルビーイング、共創が求められる時代なのにそんな話は一つとして出てきません。この地域活性化論は大丈夫だろうかと筆者も心配です

（笑）。

しかし筆者は実務家研究者として、実際にある地域の「現場」から、「現実」を理解したうえで、「現物」を差し出すという姿勢を貫きたいと思います。地域活性化政策もみな地域の「現場」「現実」「現物」から生まれるものであって、それを横展開するために制度化されてきました。

限界集落は大丈夫です。農地は機能します。チャンスです。みんなで地域の「現場」「現実」「現物」を世界に向け差し出そうではありませんか。どうかご一読ください。

2024年3月
斉藤俊幸

【注】

1　なお、国からの支援の代表的な事業には、地方創生事業があります。安部首相から岸田首相に代わり、地方創生交付金事業の名称がデジタル田園都市国家構想交付金事業に変更となったため、本書においても新しい事業名で書くべきですが、長期間にわたり、地方創生事業と称呼されてきたため、読者は新しい事業名では事業全体の構造がイメージしにくいのではないでしょうか。このため本書では、国の事業名として安倍首相の時代の呼び名である地方創生事業という称呼を採用しています。

第1部

粗放農業による
むらつなぎ

第1章 活性化でも撤退でもない第三の道

1 粗放農業の延長線上に集落が荒廃しない道筋がある

[1] 農村集落の撤退の議論には反対はしない

縄文人が住んだ住居は縄文時代の遺跡を見れば分かる。縄文時代は竪穴住居が集まり集落を形成していた。集落は、狩猟により食料が得やすい場所に立地した。しかし、狩猟の適地であることが理由で現代まで集落が存続していることはない。時代を下って平安時代の平城京を見てみよう。平城京の跡地は、現在は公園として整備されているため、鉄道の車窓から見ることができる。この地がその後も中枢的な機能を維持して都市化してきた地域ではないことは一目瞭然である。このように、その時代を生きた人がつくった価値により、都市や集落の誕生や移転が行われ、拡大や撤退は繰り返されてきた。このため「〃撤退（積極的な撤退）〃は長い時間軸で見れば力を温存するための一時的な後退である」という『撤退の農村計画』（林直樹、２０１０）の主張には反対はしない。日本は人口減少社会に入り、成長から減速、あるいは衰退の時代に入り、むしろ、すべての集落を維持・活性化しようという従来の目標は達成不可能との見解は正しいと考える。

しかし、他に選択肢もありそうだと筆者は考える。

平城宮跡歴史公園朱雀門（奈良市）平城京跡の用地の多くは歴史公園になっている

みかん園地の背後にある耕作放棄地は20年で森林化した（香川県）

有害鳥獣の防護柵があるものの田畑は耕作放棄地となっている（鳥取県）

空き家が倒壊している（鳥取県）

餌となるミミズを取るためのイノシシの掘り返しにより石垣が倒壊し、積み石が道側に散乱したままになっている集落道路（長崎県）

墓の移転にともない横倒しのまま放置された墓石（長崎県）

② 農村撤退論、むらおさめ論、農村たたみ反対論、食料安全保障論

日本の農村に関する研究者の地域活性化政策の主張が分かれている。

維持困難な集落の積極的な撤退を提唱するのは林直樹である。林直樹（2010）は「未来に向けての選択的な撤退の道はないのか」。「この先、都市から農村への移住が大幅に増加することは考えにくく、すべての過疎集落の人口を長期にわたって維持することは難しい。財政が苦しい時代にあっては、各種の支援もあまり期待できない。このような状況を前提とした新しい戦略が求められる」と主張している。また、田畑管理の粗放化において「田畑としては維持できない場合は、放牧などに切り替えて管理を粗放化する。管理の粗放化もできない場合は、土砂災害などに配慮しながら森林に戻す」と農村撤退の手順を述べている。

むらおさめの考え方を提唱するのは作野広和（2006）である。作野は、「中山間地域における集落は今後も人口減少や高齢化が進展し、一部集落は消滅するという危機的状況は避けられない。集落の再生を意図した活性化策を行っても効果はない。むしろ福祉的ケアが必要である。集落住民に最後まで幸せな居住を保証し、人間らしく生きてゆくための手段を構築すべきだ。集落住民の〝尊厳ある暮らし〟を保証する考えが必要である。集落を〝看取る〟という行為とともに、集落の存続を記録として後世に伝える〝むらおさめ〟を行うべきである。消滅してゆく運命にある集落にも光

を当てるとともに〝秩序ある撤退〟のための検討が必要である」と述べている。

作野の論文に追随して石塚裕子（2020）は尊厳ある縮退を阻害しているものとして三つの要因を掲げている。まず一つめは、「作野（2006）がいうとおり、大半の政策は集落の再生を目指した〝むらおこし〟型であり、常に発展を目指してきたこと」であると鋭く指摘している。二つ目は「居住人口をはじめ交流人口、関係人口を含めて、人口という数値に呪縛され、一人ひとりの生活や活動の質などが評価されていないこと」であると指摘している。最後に「〝積極的な撤退〟や〝むらおさめ〟も視野に入れて、行政が提供するパターナリズムな施策に誘導されることなく、50年、100年先を見据えて市民が熟議する場が十分でないこと」であると指摘している。なお、パターナリズムとは、強い立場にある者が弱い立場の者の意志に反して、弱い立場の者の利益になるという理由から、その行動に介入したり、干渉したりすることである。本書で使用する用語でいえば、区長や長老組織などのトップダウンによる決定がそれに該当し、家父長主義、父権主義などと訳されている。

一方、農村たたみ反対を主張するのは小田切徳美（2015）である。小田切は「選択と集中による再生を求められていることが問題である。つまり、地方の一部を選択し、集中的に支援することで〝農村たたみ〟が行われることに対し危惧する。欧州での〝コンパクト〟や〝縮退〟（シュリンケージ）の議論は、社会全体としての〝脱成長〟や〝成熟社会化〟とセットで議論されているが、日本においては、さらなる成長を目的とし、財政負担の軽減や効率化を目的とする議論であり、誤用であるのではないか」と主張している。

また、日本が「有事」に飢えないための備えを主張するのは、元防衛大臣の小野寺五典（2022）である。ウクライナでの戦争により、日本において食料が手に入らない事態が生まれている。台湾有事もありうる。小野寺は、食料自給率の低い日本が「有事」に飢えないための備えができているのか。市場原理に反しても、国が農家を保護する意義とは、常に弱い立場にある農業が市場原理で衰退すれば、食料がなくなったときに国民は飢えてしまうからであるとの主張をマスコミに発表している。

③ 国の政策の動向

これらの主張や理論が国政に反映されている。総務省は自治体戦略2040構想において、「集落機能の維持や耕地・山林の管理がより困難になるため、集落移転を含め、地域に必要な生活サービス機能を維持する選択肢の提示と将来像の合意形成が必要である」との方針を示している。

農水省は、人口減少社会における長期的な土地利用の在り方の検討会において、「中山間地域を中心として、農地の集積・集約化、新規就農軽労化のためスマート農業の普及等あらゆる政策努力を払ってもなお、農地として維持することが困難な農地が、今後増加することが懸念される」と、農地維持の困難さを表明している。

国土交通省は、国土の管理構想において、「中山間地域においては、空地、空家、荒廃農地や手入れが不十分な森林が今後さらに増加することが考えられ、人口減少、高齢化が進んだ結果、無住化する集落が増えていくことが予想されている。集落が無住化した場合、これまで地域住民の手で利用・管理されてきた、道路、農業用排水路、農地、森林等が集落空間全体として管理不全の状態に陥る可能性がある。所有者の責任として個人所有の土地の管理が続いたとしても、集落で共同管理を行っていた土地は管理が難しくなる可能性が高く、空間として放置が進み、周辺地域や都市地域へ大きな外部不経済を与える可能性がある」と無住化に関する懸念を表明している。

農水省は、その後、総合的な食料安全保障の確立に向けた取り組みにおいて、「国民に対する食料の安定的な供給については、世界の食料需給等に不安定な要素が存在していることを考慮し、国内の農業生産の増大を図ることを基本とし、これと輸入及び備蓄とを適切に組み合わせることにより確保する」との方針を示している。

前述の各省が示す四つの方針は、農村撤退論と食料安全保障論を意識して書かれている。

4 なぜ放牧に注目するのか

●放牧農家1家族で10 haの農地が維持できる

農学者の多くが維持困難になった農地利用の最終的な切り札と言っているのが放牧である。農村撤退を主張する研究者も粗放農業を提案している。筆者も放牧こそが、存続危機を迎えている農地利用を続ける有効な手段であると考える。このため、本書は、土地利用型畜産業である肉用牛繁殖農家と酪農家に焦点を当て地域活性化政策を考えることとした。

肉用牛と乳牛では牧草を食べる量が異なるが、1家族が40頭の肉用牛の飼養で生計を立てることができるとすれば、10 haの牧草地で生産される牧草量で飼養が可能であり、逆に10 haの農地を維持することができると言える。たとえ他の住民が一人もいなくなっても、放牧を行う農家が1家族ほど存在すれば、農地は荒れ果てることはない。収入は多くはなく、1家族だけでは1日も休めないといった課題も多いが、放牧だけでも農家として自立が可能である。

●放牧は舎飼い酪農よりも環境負荷が小さい

映画監督のジェームズ・キャメロンが、メタンガスの排出による温室効果ガス排出量上昇を抑制するために、肉食をやめるべきだと主張し、畜産業は、環境に負荷を与える産業として悪評を被ることとなった。温室効果ガスの排出が畜産業の社会的価値の創造に向けたマイナス面である。しかし、それゆえに産業として生き残るためにさまざまな工夫が生まれていることがプラス面と言える。

加えて日本の酪農は舎飼い酪農が中心であり、多頭飼育、集約化、専門分化を進め、飼料は海外から大量に輸入する構造となっている。たいして放牧は、草地が維持され、動物福祉やフードマイレージも改善できる。環境に配慮した産業としてマイナスからプラスに転換すること自体が社会的価値の創造と言えるのではないか。

●社会的価値を市場価値に変えるジョイントとしての地域ビジネス

もちろん、社会的価値がそのまま市場における価値となるわけではない。しかし、社会的価値が価格に加算され、価値のあるものとして流通する社会の実現は、人口減少社会のなかで、日本が世界に存在意義を発揮できる数少ないカードの一つではないか。また、社会的価値の創造は市場に任せることはできない。後で述べるように粗放農業の担い手には競争から一歩身をひいて新しい働き方を模索する人たちであると考える。効率性だけで考えず、土地の維持を行える人材が日本に存在するということであり、すべてが競争だけの日本とならないための有効な人と土地を日本はすでに持っていることに着目すべきである。

だからといって地域おこし協力隊の報酬レベルで留まっていては、参入者は限られてしまうだろう。つまり、この議論の延長に具体的な乗り越えるべき壁が見えてくる。非競争という生き方の是認と適切な報酬というテーマが具体的に見えれば、その壁は乗り越えられるのだ。

さて、所得はどれくらい必要なのか。農業経営統計調査によると、個人で農業を営む人の平均年間所得は2021年では115万2千円である。これで後継者を求めるのは論外ではないか。年収

500万円、一家で1千万円は確保したい。

そのためには、たとえば1戸の農家だけではなく牧場のクラスターを形成することで社会的価値を面として創造することが考えられる。また、この集積を市場における競争力（市場価値）に変換するジョイントとしての土地利用型の地域ビジネスが必要だと考える。

後で紹介するように先駆的な事例はたくさんある。ビジネスマインドを持った人たちが地域に関わることで、リーダーの誘致はできる。地区の長老が彼らを新たな後継者として認めれば、バトンタッチすることも可能である。農村での放牧や粗放的農業と市場をジョイントする土地利用型地域ビジネスが組み合わさることにより、農地の維持は達成でき、また日本の根幹を支える産業として生き残ることができるのではないかと考える。

5 ムラの空洞化が始まった時点が転換のチャンス

荒廃するとは、どのような状態なのか。具体的には空き家が倒壊している。農道が雑草の繁茂で前に進めない。有害鳥獣の防護柵があるものの田畑は耕作放棄地となっている。餌となるミミズを取るためのイノシシの掘り返しにより石垣が倒壊し、積み石が道側に散乱したままになっている。墓石が倒れたままである。このような状況を指すのではないか。しかし、これは表面的な荒廃である。その前に、組織としてイノベーションを行うという決断ができるかどうかが集落存続の最も重要なファクターである。笠松浩樹と小田切徳美は集落機能脆弱化のプロセス（模式図）を描いている。筆者は、人口および集落機能が減少し、ムラの空洞化が始まった時こそが、地域ビジネスのチャンスが始まると考え、無住化までの期間を「むらつなぎ」と名づけ矢印を加筆した（図1・1）。この「むらつなぎ」の期間で地域ビジネスに関する組織の更新を図ることが重要だ。

2　放牧をやりたい若者は必ずいる

1 山地放牧の肉用牛繁殖農家になった大島氏

田畑管理の粗放化は、山口県が先進的な取り組みを進めてきた。山口型放牧といわれ、転作田や耕作放棄地などに電柵などを設置して牛の放牧を行って

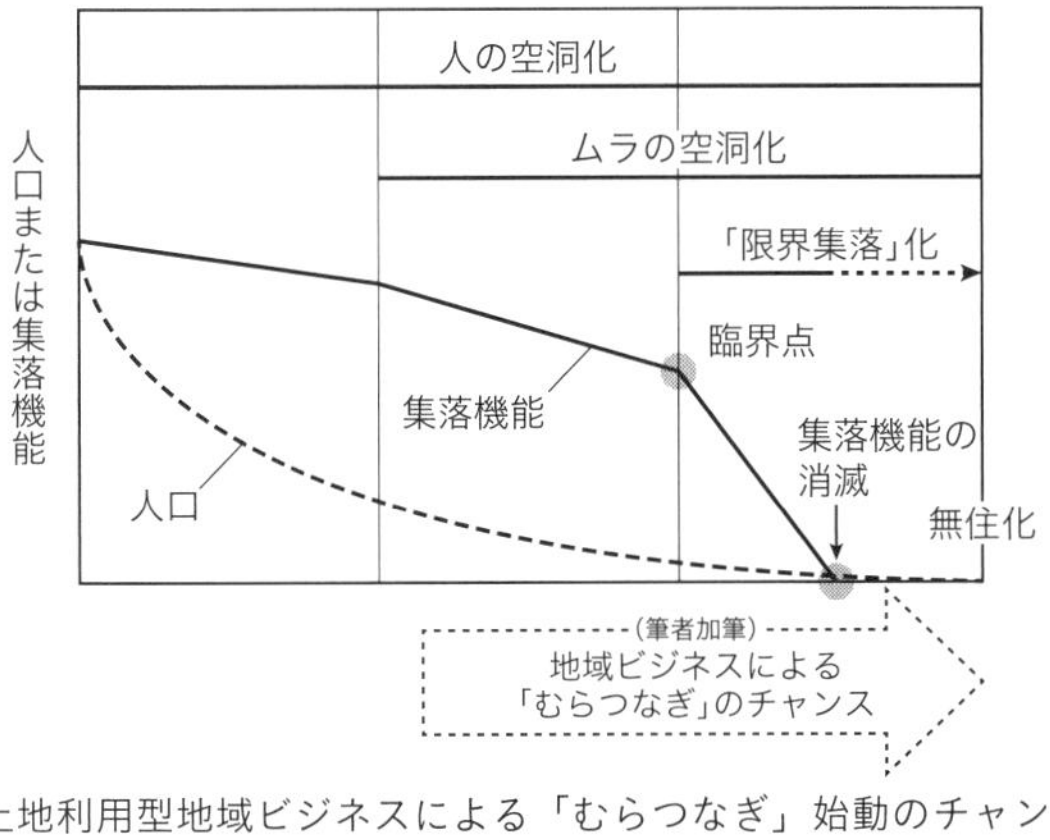

図1・1　土地利用型地域ビジネスによる「むらつなぎ」始動のチャンス
（資料：小田切徳美（2009）『農山村再生「限界集落」問題を超えて』岩波ブックレット No.768、図8「集落「限界化」のプロセス（模式図）」（注：笠松浩樹（2005）「中山間地域における限界集落の実態」『季刊中国総研』32号を小田切加筆・修正引用）を筆者加筆）

おり、各地で成果が生まれている。

一方、山地放牧に取り組む新規就農者には粗放農業によるむらつなぎの候補者が多いと筆者は注目している。彼らは、牧場で収穫できる牧草量に応じ飼養頭数を決めている。いわゆる適正規模の牧場経営を行っており、投資により事業を拡大していこうという競争的な志向はない。むしろ彼らの非競争的な考え方は農地の粗放農業に適性を発揮するのではないかと考えている。

そうした候補者の一人が高知県本山町に移住した大島渉氏である。同氏は土佐あかうしの山地放牧を行っている。高知県生まれの38歳（インタビュー当時）であり、家族5人とともに、幸せな牧場生活を送っている。同氏は京都大学農学部を卒業し、大企業に就職した。学生時代、社会人と13年間は近畿圏に住み、また、会社の経営譲渡などがあり、中部圏にも5年間住んだ。その後地域おこし協力隊員として採用され高知県に家族を連れUターンした。

大島氏が農業を始めた理由はユニークで、日本は近い将来、財政破綻すると考えていたとのことで、家族を食べさせられる男になりたいと思っていたからだと話している。このため、食料を作っていれば飢えることはないと考え、農業を始めたかったと笑う。

大島氏は新規就農へ向け、二つの選択肢を持っていた。一つは3反（0・3ha）の農地を所有し、少量多品種の農業により、そこそこの所得を稼ぐ農家となることであった。もう一つの選択肢が酪農であった。妻の勧めもあり、最終的には山地放牧を選択した。高知県には山地酪農を実践する斉藤牧場があり、このような酪農をしたいとのイメージを持っていた。しかし、肉用牛は牧草の食べる量が乳牛より少なく、少ない牧草量から始められることや、乳牛の搾乳で、家族全員が風邪をひいても休めない経験をしたことから、肉用牛繁殖農業を選択した。現在は土佐あかうしの肉用牛繁殖農家として生計を立てている。畜産は重労働というまわりの意見もあったが、やってみないと分からないと考えたと大島氏は新規就農当時を振り返る。

② 70 haの山地を購入

大島氏は本山町内でまとめて売りに出ていた70 haの山地を1千万円で購入し、牛の粗放農業の当事者となった。妻は人工授精師の資格を取得した。牛舎は地域住民の協力を得て、自身で建設した。子牛は牛舎の中での飼養が必要であるが、成牛は昼夜放牧で飼養している。

放牧地の規模は10 haからスタートした。飼養頭数は、10 haという規模を勘案して上限を30頭と考えているが、30頭でスタートはせず、2頭からスタートし、徐々に増頭した。2頭スタートでは生計が成り立たないことは理解しているが、最初から完成系にとらわれるとうまくいかないとも話す。できることを確実にやっていきたい。土佐あかうしは年間400頭程度の流通である。少しずつ頭数を買い増してゆく方針であると大島氏は話している。

第 12 回全国和牛能力共進会で好成績を収めた土佐あかうし（鹿児島県霧島市）

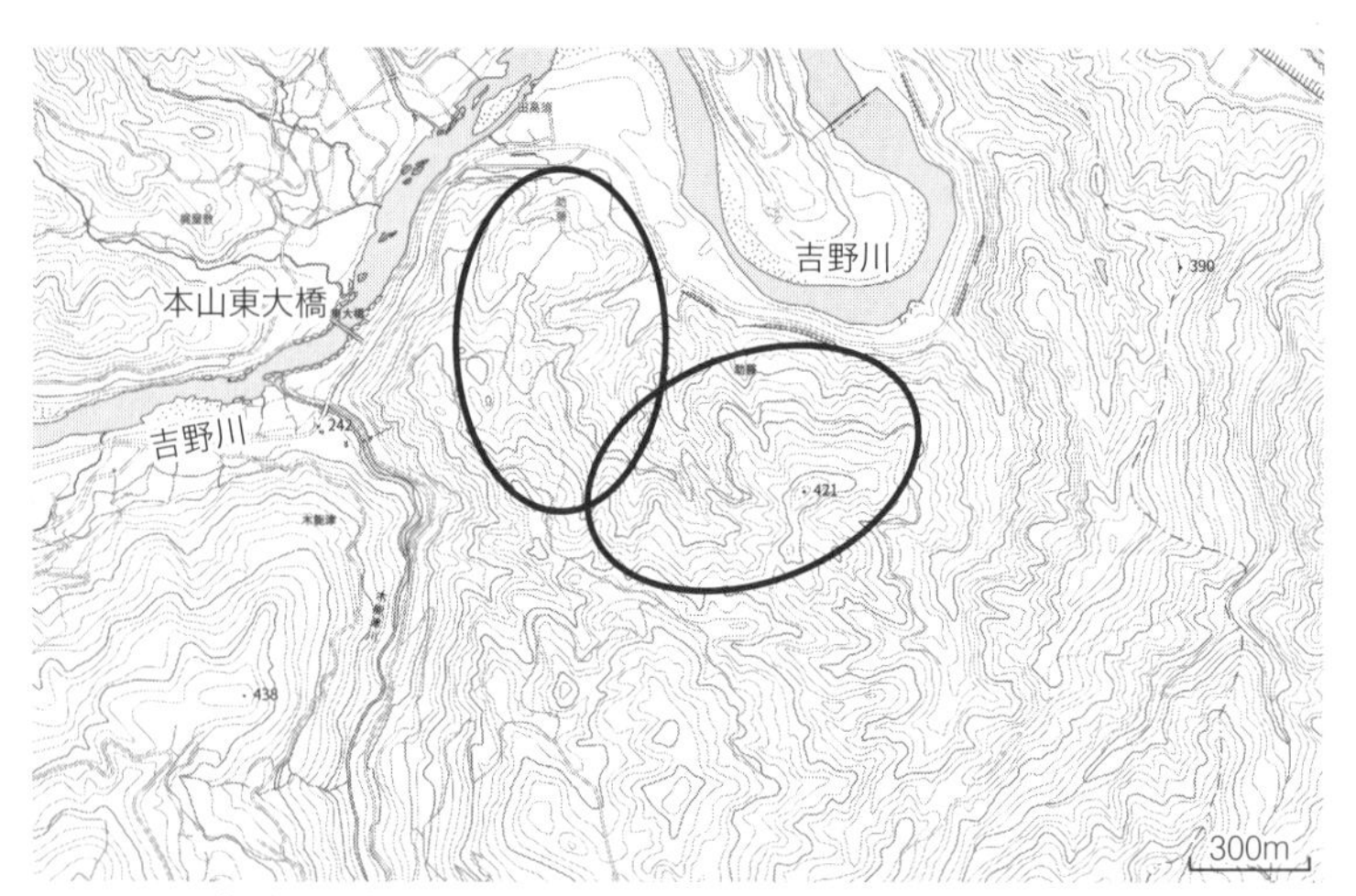

図 1･2　大島氏が所有する山地（ベース地図出典：国土地理院地図 Vector に範囲を筆者加筆）

③ 事業の大成功より、家族の時間を守りきちんと子育てしたい

大島氏は肉用牛繁殖農家だけでは生きていけないと判断している。このため、家族の生活、所得安定のために副業をつくりたいと話す。副業として、ブッシュクラフト（自然で生きる知恵を身につけることができるキャンプ場）やドローンの飛行場ができないかと考えている。一つの会社で働くような専業は都会的発想である。地方の山間部で生きてゆくためには、いくつかの副業が必要である。立ち上げの難しさは感じないと話している。

肉用牛繁殖農家が魅力的な仕事であると子どもが考えるのであれば、誰かが継承する。大島氏は家族を飢えさせないためにこのライフスタイルを選択した。事業の成功を追い求めるあまり、家族の時間が減るくらいなら、きちんと子育てをしたいと話している。

④ 非競争性が特徴

大島氏は、日本はさらなる経済成長を目指すべき

大島氏一家（高知県本山町）

であると話す一方、日本はこの30年間に経済成長がなかった。高度経済成長時代やバブル時代は、もっと良くなる、もっと良くなると言われて働き続けた。成長や成功のパイが少ない後進の我らは、自分自身のやりがいを求めざるを得ない状況だったのではないかと、大企業の競争社会を一歩退き、静観する様子が伺える。このような姿勢からか、自分が仕事で儲けることは重要であるが、必要以上に事業を拡大することはない。欲しいものがほぼ手に入る時代である。逆に欲しいものは何と聞かれても即答できない。食料が身近に手に入る生活に満足している。生きることに焦らない世代なのではないか。ハードに大企業で稼ぐ必要もなく、自分の人生を見つけ着実に積み上げる生活をしたいと考えていると非競争性の特徴を鮮明にしている。

⑤ 地方自治体が牽引すれば粗放農業を担う移住者は増える

大島氏は都市の成長を冷静に見つめ、自らの非競争性から、粗放農業による土地利用維持を行う放牧への適性を示している。

同氏はまた、土地利用維持のために牧場経営は大切な存在であると粗放農業の重要性を指摘している。10ha程度の牧場が集積できたら、地域の強みができる。しかし、放牧地を作るには難しい問題がある。まとまった広い土地が必要である。下の沢で集落の飲み水を取水していたら牧場はできない。この問題点を解決するため、県や市町村が牽引し水利権の調整と土地の集約を行えば、粗放農業を担う移住者が増えるのではないかと同氏は提言している。

同氏はまた耕作放棄地が増えるなかで、牛による粗放農業は農地の維持の切り札ではないか、畜産をやりたい若者が必ずいると話す。

⑥ 集落をマネジメントで貢献できる

また、同氏はマネジメント能力の高さを示している。本山町をよくしたいといったことは考えていないが、権代地区や身の回りのことをしっかり考えたいと話している。

組織運営は、サラリーマン時代に培った能力で貢献できる。多面的機能交付金、雑草刈り、泥掃除、会議をまとめる仕事などが多くあるが、自分の能力を素直に発揮することが地域貢献につながるのではないかと話している。また、地域には手伝う仲間や助けてくれる地域住民の方がおり、地域の一員として機能できている。大島氏は粗放農業によるむらつなぎが行える人材の候補者の一人である。

第2章　適正規模の農業を目指す若者たち

1　適正規模の農業とは何か

農家であり作家の山下惣一（2016）は「小農」を「規模の大小、投資額の多寡ではなく家族の労働を用いて暮らしを目的として営まれている農業・農家」と定義している。

酪農の世界で適正規模の牧場経営を提言しているのは三友盛行である。三友は『マイペース酪農、風土に生かされた適正規模の実現』（2000）において、「適正規模とは、生産規模と生活規模があり、この二つの規模がバランスよくかみ合うのが本来のその農場の適正規模」であると定義している。また「根釧（こんせん）では1ha当たり、成牛換算1頭」と数値を提示している。

中洞正も『幸せな牛からおいしい牛乳』（2007）のなかで、放牧による適正規模の農業を提唱している。中洞は「牛乳の生産量は、国内で生産できる草の量で上限を決めるべきである」と主張し、

「牧場内の草の生産量に見合った頭数だけ飼う。1haに2頭以内とする。冬も含めた周年昼夜完全放牧とし、搾乳は1日20kg程度とすべきである」と適正規模の目安となる数値を提示している。

両者の主張については次節で詳しく説明するが、本節においては、適正規模の技術的な説明を行う。

肉用牛繁殖農業や酪農で使われる適正規模経営とは、牧場が持っている草地面積から収穫できる牧草量を想定し、牛が1年で食べる牧草量で割って飼養頭数の上限を決める経営方法である。肉用牛では1ha4頭、乳用牛では1ha1頭という目安が一般的である。

単純計算ではあるが、10haの牧草地がある牧場では肉用牛が40頭飼養できる。そのうち20頭の母牛が、妊娠した段階で放牧される。この母牛が20頭の子牛を生み、9か月後にセリ市において1頭80万円で販売でき

牛舎で飼養される乳牛（北海道）

山地放牧（神奈川県）

ると想定すると、約1600万円の年収を得ることになる。

20haの牧草地がある酪農の牧場では乳牛を20頭飼養できる。乳牛が子牛を生むと生乳を作りだす。乳牛1頭1日当たりの乳量を30ℓと想定すると、20頭の乳牛の飼養により、生乳が600ℓ生産できる。生乳の単価を1kg100円とすると、1日6万円の収入を得ることができる。1か月で180万円、1年で約2千万円の収入を得ることができる。

荒木和秋の『よみがえる酪農のまち足寄町放牧酪農物語』(2020)では、佐藤牧場が粗放放牧から集約放牧(輪換放牧)へと転換したときの経営収支と所得の推移を公開している。集約放牧とは、ニュージーランド方式といわれるもので、1haの草地に、乳用牛を集約的に飼養し、草地を食べつくすと隣接する放牧地に移動させるものである(図2・1)。これによると、2002年において、生乳を生産する経産牛の頭数は58頭であり、経営耕地面積は約78ha(採草地28ha、放牧地29ha、兼用地20ha)で労働力は2・3人である。出荷乳量は452tonであり、1902万円の農業所得を得ている。粗放放牧から集約放牧へと転換することで約600時間の労働時間の削減にも成功している(表2・1)。佐藤牧場が示す適正規模の酪農業の経営の目安として参考にしてほしい。

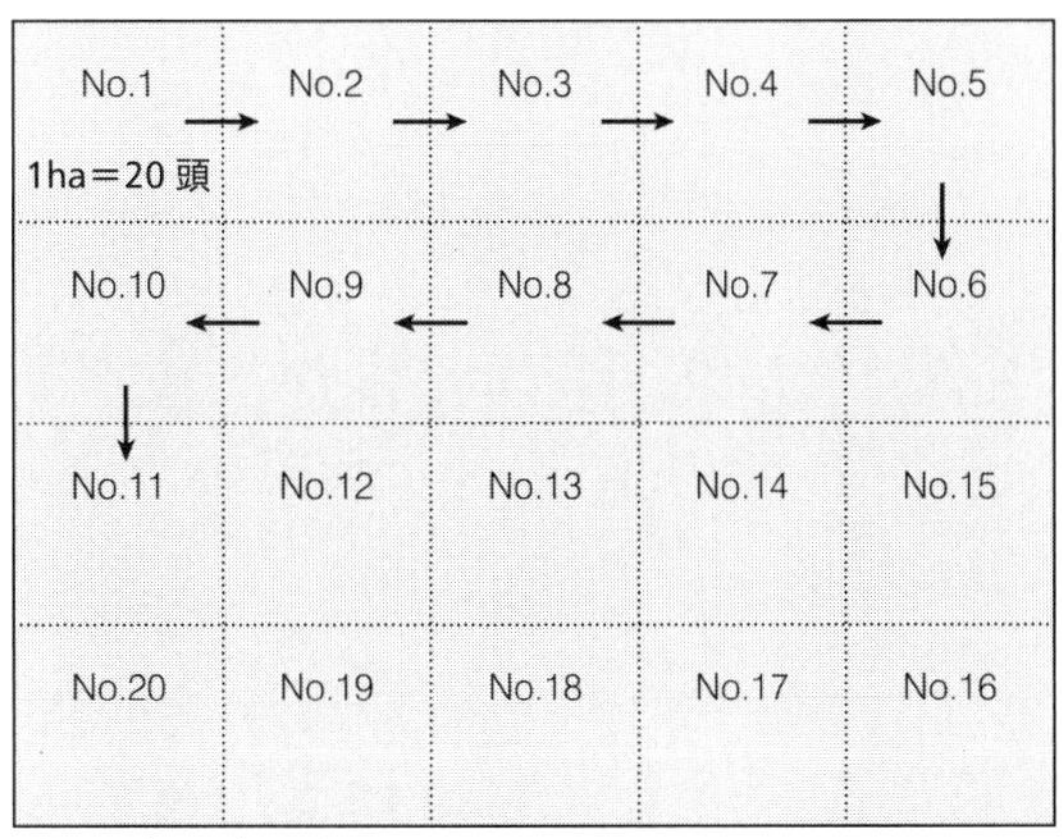

図 2･1　集約（輪換）放牧の模式図。1 マスは 1 ha（資料：荒木和秋（2020）『よみがえる酪農のまち足寄町放牧酪農物語』筑波書房の佐藤牧場の輪換放牧地を筆者が抽象化し作成）

表 2･1　佐藤牧場の粗放放牧と集約（輪換）放牧の経営比較

	1996 年（粗放放牧）	2002 年（集約放牧・輪換放牧）
経産牛頭数（頭）	50.6	57.9
経営耕地面積（ha）	77.5	77.5
うち採草地（ha）	43.5	28.5
うち放牧地（ha）	29	29
うち兼用地（ha）	5	20
労働力（人）	2.1	2.3
労働時間（時間）	6,122	5,499
出荷乳量（ton）	421	452

（資料：「診断助言書」北海道畜産会、「経営分析書」北海道酪農畜産協会を抜粋）

2　適正規模の牧場経営の旗を振る先駆者

1『マイペース酪農』が示す適正規模経営と家族との暮らし優先

三友盛行（78歳）はマイペース酪農の提唱者であり、『マイペース酪農―風土に生かされた適正規模の実現』（2000）の著者である。三友は、東京都墨田区浅草生まれの新規就農者であり、高校卒業後に北海道を訪れその魅力をつかみ、1968年に北海道中標津町に開拓入植し酪農家として就農した。1991年にはマイペース交流会を開始した。1993年～99年には、中標津町農協組合長にも就任した。

『マイペース酪農』の「はじめに」において「農民は国家に隷属するものではない。家族の暮らしを全うするために経営を考え、営農するのが本来の姿であって、決して生産増大のみを目的としているわけではない」と、この本の方向性を示唆している。

この本のポイントは副題にもあるとおり、風土に生かされた適正規模の実現にある。ここにある地域とは根釧台地の上で酪農地帯を築いてきた根釧地域のことである。三友は、成長、拡大化が進む根釧地域において、「頭数も乳量も多すぎないか」と問題提起するのである。

同書には、夫婦同伴で毎月開催されるマイペース交流会の様子が書かれている。「当初は経営改善とそのための技術の話が中心でした。技術や経営以外の話が女性のほうからでるようになりました。集会では一人一人がその1か月間の出来事、感じたこと、経営、生活、子供の教育、社会の将来を思い思いに話します」とあり、まさに話し合ってきた内容が同書に書かれていることが理解できる。

日本の年間の生乳生産量は750万tonを超える。このうち北海道が約400万tonを生産している。北海道の生乳生産が増加傾向にありシェアは6割に迫る勢いである。北海道の生乳、飲用牛乳の道外移出は、冷蔵技術の向上や関東圏、近畿圏との高速フェリーなどによる搬送力向上で飛躍的に伸びている。日本の生乳の生産量は減少傾向にあるが、北海道の生乳生産量は増加傾向にある。北海道の酪農家は畜舎の大規模化、飼養頭数の増頭を図り、生乳量生産の増加を図ってきた。

生き物を相手にする酪農家には休みがなく、もっと異なった働き方があるのではないかとの疑問を呈したのが、三友の著書の実践の記録である。三友は、いったん「立ち止まり」考えてみてはどうか。「生活のための適正規模は120%フル稼働ではなく、土、草、牛、機械、施設、農民が、80%操業が適正規模である。暮らし第一、生産第二の時代がきている」と記している。

②『幸せな牛からおいしい牛乳』が指摘する濃い牛乳の問題点

中洞正（72歳）は『幸せな牛からおいしい牛乳』（2007）を著している。中洞は牛乳の歴史を辿り、濃厚な牛乳の問題点を指摘している。消費者は濃厚な牛乳を求め、酪農家はこのニーズに応えようとトウモロコシを乳牛に与え、脂肪分の高い生乳を作り始めた。中洞は「北海道の酪農は放牧が主流だった。しかし、乳脂肪分3・5以上という基準ができてから、貯蔵飼料用のサイロの建設が推進され、海外からの配合飼料が入ってくるようになった。その結果、日本では放牧はほとんど存在しなくなった」と指摘している。「〝濃い牛乳〟と表現されるが、牛の乳房から出たばかりの生乳はさらりとしている」と本来の牛乳が持つ特性も述べている。

『幸せな牛からおいしい牛乳』という題名からも分かるが、牛舎で飼養される乳牛は、動物福祉、フードマイレージなどの観点から問題が多いとの指摘が本書にあり、逆に、放牧、動物福祉、フードマイレージといった社会的価値で評価される社会を日本はつくらなくてはならないという信念が見られる。本書は山地放牧で就農する若者に大きな影響を与えている。

③ 2冊の本を起点に広がる適正規模農業の類型化

筆者は肉用牛繁殖農家は肉用牛繁殖農業が盛んな中国地方を主な調査対象とし、酪農家はマイペース酪農を生んだ北海道根釧地域を対象としてヒアリング調査を実施した。三友が言う「風土に生かされた適正規模」があるため、それぞれの特性を踏まえた調査を行うこととした。

北海道根釧地域にはマイペース酪農の影響を受けた若い新規就農者が多く存在する。また地元出身者による500～1千頭を飼養するメガファームも存在する。この両者について精査した。また中国地方では伝統的な肉用牛繁殖農家が多く存在する。また、中洞の影響を受けた山地放牧による農業経営者は全国各地に散らばっている。これらの該当者に関してヒアリング調査を実施した。

ヒアリング調査で分かったことは、北海道という広大な土地を背景に三友と同じような牧場経営に行う北海道の新規就農者と、中洞の山地放牧をモデルに本州の中山間地域で牧場経営を始めた人では、目指す適正規模が異なるということだ。このため北海道の酪農家を三友型とし、本州で山間放牧をする肉用牛繁殖農家と酪農家を中洞型として分類した。また、地元出身者には適正規模を志向する農家はおらず、高齢者も若者も成長志向であることから、これを成長型と分類した（表2・2）。

表2･2　肉用牛繁殖農家、酪農家の類型化

氏名	年齢	立地場所	種別	牧場面積（ha）	飼養頭数（頭）	投資額（億円）	類型
三友氏	78	北海道	酪農	56	56	－	三友型
中洞氏	72	岩手県	酪農	69	40	－	中洞型
大島氏	37	高知県	肉用牛繁殖	20	20	0.1	中洞型
A氏	31	神奈川県	酪農	8.8	5	0.1	中洞型
B氏	38	岡山県	肉用牛繁殖	－	3	－	中洞型
C氏	41	北海道	酪農	120	185	1.0	三友型
D氏	47	北海道	酪農	64	110	1.0	三友型
E氏	37	北海道	酪農	65	52	1.2	三友型
F氏	64	岡山県	肉用牛繁殖	8	79	0.5	成長型
G氏	36	鳥取県	肉用牛繁殖	17	103	1.0	成長型
H氏	55	北海道	酪農	160	600	4.0	成長型
I氏	59	北海道	酪農	245	900	7.8	成長型

（資料：筆者作成）

この結果を見ると北海道の三友型の酪農は、敷地面積60〜120haで、60頭程度を飼養している。一方、本州以南の中洞型の肉用牛繁殖農家と酪農家は10〜20haという規模でスタートしている。一方、昭和の高度経済成長を経験した地元出身の酪農家や肉用牛繁殖農家が、みな大きな投資を行い、事業の拡大や成長の延長線上に成功を描いているのは特徴的である。このヒアリング調査で浮き彫りになったことは、適正規模の牧場経営を行う彼らこそ、農地の粗放農業が行える人材ではないかということだ。次節においてヒアリングで抽出された対象者の特性について取りまとめる。

全長180mのメガファームの牛舎（北海道）

3　粗放農業と相性が良い新規参入者の非競争性

1 新規就農者は適正規模の農業を目指している

新規就農者は適正規模の目安を理解し、適正規模以下の頭数での飼養に取り組んでいる。北海道では60頭程度、本州以南では10頭程度の飼養を目指している。牧場で生産できる牧草量の上限で飼養頭数を決めている。頭数を増やすと濃厚飼料の購入が増加し、採算が合うとは限らない。事業の大規模化は志向しないが、収益は確実に得たい。これらの発言は、牧場経営を合理的に見る姿勢を鮮明にしており、やみくもに大規模化を成長と捉えていない特徴の表れでもある。

2 ヒアリングで抽出できた特性

表2・3、4にヒアリングで得た地元出身肉用牛繁殖・酪農経営者の競争特性と適正規模経営実践者の非競争特性をまとめる。地元出身者と移住し牧場経営に参入した新規就農者は大きな隔たりがある。地元出身の肉用牛繁殖・酪農経営者は、事業の拡大、成長を志向し、多頭飼養、生乳の大量生産を目指している。移住した新規就農者は適正規模の農業経営を志向し、家族が仕事より大切

であると話している。

　これらを勘案すると、地元出身の肉用牛繁殖・酪農経営者の「競争性」と適正規模経営者の「非競争性」に分けられるのではないか。これは大きな考え方の隔たりである。

　地域には、地域ならではの資源がある。今まで集落において継承されてきた地域ビジネスには蓄積があり、地域資源を活かして継続してきた。しかし多くの集落において後継者が存在しない。このため、非競争性が際立つ新規就農者に地域ビジネスの継承を期待する初めての事態となっている。

　一方、集落の長老組織から新規就農者への事業継承が行われるためには、大きな考え方の隔たりがある長老組織による新規就農者の存在承認が必要である。今までの移住政策においては、地域ビジネスの継承に関する話し合いが行われてこなかった。しかし、農地の存続に焦点を当てると、新規就農者が始める適正規模の農業経営であっても勝手にはできないのではないか。農業経営には地域の共同作業が含まれるからである。今後、農

表2･3　ヒアリングで抽出できた特性

地元出身肉用牛繁殖、酪農経営者の「競争性」	適正規模経営者の「非競争性」
・事業投資による成長、拡大を志向 （多頭飼養、生乳の大量生産）	・適正規模の農業経営を志向 （大量生産に対して批判的）
・動物福祉、フードマイレージに対する無関心、拒絶	・動物福祉、フードマイレージといった社会的価値に関心
・適正規模の新規就農者に対して批判的	・格差に対する嫌悪
・家族の幸せが一番大切であることへの不同意、仕事に忙しく家族が休めないことへの不安	・家族との生活が仕事より大切 ・副業による収益確保

（資料：筆者作成）

表 2･4　地元外からの新規就農者のヒアリングから

特性	ヒアリングでの発言例
適正規模志向	・牧場の適正規模に見合う牛を飼養している。 ・10 頭程度の飼養を目指している。 ・10 頭で生きてゆけるのではないか。 ・牧場で生産できる牧草量の上限で飼養頭数を決めている。 ・頭数を増やすと濃厚飼料の購入が増加し、採算が合うとは限らない。 ・生乳の大量生産には同意できない。 ・事業の大規模化は志向しないが、収益は確実に得たい。
家族との生活優先	・家族と幸せになりたい。 ・妻と子ども 3 人の家族の時間が最も大切である。 ・家族が畜産より優先される。 ・家族がいなかったら何にもならない。 ・今は時間的には有効に使えている。 ・牧場は体を動かす仕事であり、ご飯がおいしく、よく睡眠ができた。これが幸せであると思っている。家族と幸せになりたい。
兼業志向	・近隣に通信制高校があり、1 週間に 1 回授業をしている。 ・一般牧場見学の受け入れを積極的に行いたい。 ・酪農の仕事に並行して、将来的には六次産業化や観光、教育分野へ進出したい。 ・今も民宿経営（WWOOF）を行っている。 ・自分が作った卵や肉の販売には興味がある。 ・まずは自家消費から始め、ネットでこだわりを持って売れば可能性がある。
社会的価値に対する認識	・外国から輸入される濃厚飼料は使用しない方針である。 ・自分の牧場の牧草を刈り取り、冬場に乳牛に供給している。 ・動物福祉に配慮している。 ・事故がないかぎり乳牛は 20 年近く飼い続けたい。 ・動物福祉への配慮は特別やっていないが、ストレスをかけない放牧を行っている。 ・餌をたくさん食べさせ、乳量を多く生産することは、動物福祉と牧草とのバランスが取れておらず問題であり、乳牛の虐待につながるのではと考えている。
所得格差への問題意識	・所得格差は大きな問題である。 ・自分自身が就職氷河期世代であり、所得格差には敏感である。 ・自分自身の仕事は生活が維持できる程度でよいが所得格差は問題である。
（参考）地元出身者の事業拡大志向	・大量生産には問題はない。 ・従業員も必要となってくるだろうが、組織経営は孫に任せたい。 ・中学生の職場体験を引き受けている。畜産人材をたくさん育てるべきである。 ・仕事で儲けることはとても大切なことである。このため、仕事は拡大すべきである。 ・畜産の仕事の機械化や情報化は進めるべきである。

（資料：筆者作成）

地の粗放農業を、非競争性を持つ新規就農者に任せるのであれば、存在承認の方法の確立が最も重要なテーマとなる。このことに関して第2部で詳しく述べる。

第2部

新規参入者の受け入れと土地利用型地域ビジネス

第3章　後継者は長老組織からの存在承認を得る必要がある

1　「池田暮らしの七か条」が示唆する地域の思い

人口減少が進み消滅や衰退を危惧する地方自治体が、移住者誘致政策を積極的に推進している。しかし、地方自治体を構成する住民自治組織や集落組織では、移住者の受け入れに積極的ではないところも多くある。

福井県池田町は広報誌において池田町区長会の名のもとに、移住者に向け、「池田暮らしの七か条」を発表した。七か条の冒頭には、「私達は、池田町の風土や人々に好感をもって移り住んでくれる方々を出迎えたいと思っています。しかし、池田町への思い込みや雰囲気だけで移り住まわれることには不安も感じています。移住者、地元民双方が〝知らない、聞いてない〟〝こんなはずではなかった〟などによる後悔や誤解からのトラブルを防ぎたいと思っています。そこで、長く池田町で暮らし続けていただくための心得や条件を〝池田暮らしの七か条〟として作成しました」と書いてある（表3・1）。

この七か条では移住者に向け、「知らない、聞いてない」ではすまされないと明記し、区長たちからの存在承認が必要であることを明記している。具体的には「草刈りへの参加は必須であり、このことが〝面倒だ〟〝うっとうしい〟と思う方は、池田暮らしは難しい」と草刈りへの参加を要請し、なおかつ〝品定め〟をするとも書いてある。

この七か条において注目すべきは、〝共同作業への参加協力〟〝草刈り機は必需品〟〝使い込むことで技術上達〟などの文言があることだ。長老たちの子どもたちには農業ではメシが食えないから都会に行けと言ったはずなのに、地域に流入する移住者に農業による事業継承を望んでいるのは明らかだ。これは矛盾しているようだが、本心でもある。農地で行われる地域ビジネスとは集落を支えてきた生業の延長線上にあるものだ。地域を共同で守るという使命が移住者に望まれるのは当然だ。

地元出身者が移住者に感じる違和感は全国のいたるところにある問題である。この問題は容易には解決しない。まずは、移住者は、長老組織の存在承認を得ることから始めることがポイントだと国は責任をもって言うべきである。

一方、長老組織がそのままで良いわけでもない。筆者は強固なムラ社会は今後も続くと予想している。ある研究者は、長老組織に問題は感じないというが、「虎の尾」を踏んでいないだけだ。ムラ社会の解消は日本の大企業、地方自治体、集落組織、大学、学会といたるところにある。しかし、誰もがそれが問題であると指摘しないし、内部からは改革できないまま組織は継続している。まずは国が硬直化した組織を問題だというべきである。

入山章栄は「弱いつながりはいま日本に求められている変化やイノベーションを促進する上で決定的に重要である」（2019）と述べている。長老組織も移住者もイノベーションを起こすことが集落維持に求められることと認識し、徐々に弱いつな

○これまでの都市暮らしと違うからといって都会風を吹かさないよう心掛けてください。

第５条 プライバシーが無いと感じるお節介があること、また多くの人々の注目と品定めがなされていることを自覚してください。

○どのような地域でも、共同体の中に初顔の方が入ってくれば不安に感じるものであり「どんな人か、何をする人か、どうして池田に」と品定めされることは自然です。

○干渉、お節介と思われるかも知れませんが、仲間入りへの愛情表現とご理解ください。

第６条 集落や地域においての、濃い人間関係を積極的に楽しむ姿勢を持ってください。

○静かでのどかな池田町ならではの面白さとして、ご近所や色々な出会いの中での会話を楽しんでください。

第７条 時として自然は脅威となることを自覚してください。特に大雪は暮らしに多大な影響を与えることから、ご近所の助け合いを心掛けてください。

○池田町は2004年の福井豪雨災害で大きな被害を受けて以来、集落防災隊長を設置し地域防災力を高める取り組みを推進しています。

○また、池田町には「雪で争うな、春になれば恨みだけが残る」という教えがあります。積雪時、大雪時での譲り合い、助け合いを心掛けてください。

以上、共同する社会の豊かさの充実のため、ご理解ご協力ください。

2022年（令和４年12月）
池田町区長会

がりに改変することを目指して欲しい。そして本書は長老組織が硬直化した組織であることを前提に具体的な解決策を書いている。

表3・1 「池田暮らしの七か条」池田町区長会

私達は、池田町の風土や人々に好感をもって移り住んでくれる方々を出迎えたいと思っています。しかし、池田町への思い込みや雰囲気だけで移り住まわれることには不安も感じています。移住者、地元民双方が「知らない、聞いてない」「こんなはずではなかった」などによる後悔や誤解からのトラブルを防ぎたいと思っています。そこで、長く池田町で暮らし続けて頂くための心得や条件を「池田暮らしの七か条」として作成しました。ご理解をお願いいたします。

第1条 集落の一員であること、池田町民であることを自覚してください。

○総人口の少ない池田町ではありますが、私たちは33の集落において相互扶助を土台に安全で豊かな共同社会を目指しています。

第2条 参加、出役を求められる地域行事の多さとともに、都市にはなかった面倒さの存在を自覚し協力してください。

○池田町の風景や生活環境の保全、祭りなどの文化の保存は、集落毎に行われる共同作業や集落独自の活動によって支えられています。共同して暮らす場を守るためにも参加協力ください。

○草刈り機は必需品です、回を重ね使い込むことで技術上達が図れます。

○このことを「面倒だ」「うっとうしい」と思う方は、池田暮らしは難しいです。

第3条 集落は小さな共同社会であり、支え合いの多くの習慣があることを理解してください。

○生活の基盤は集落であり、長い年月に渡って様々な行事や集まりを通して暮らしを支えてきました。

第4条 今までの自己価値観を押し付けないこと。また都会暮らしを地域に押し付けないよう心掛けてください。

○集落での生活は、ご近所などとの密な暮らしの日々があります。都市では見られなかったルールや仕組みもありますが、皆で折り合いを付けながら培ってきたものです。↗

2　固い結束に基づく集落組織からはイノベーションは起きない

日本の農村集落では、集落を維持するために、住民が力を合わせ水路の清掃や草刈り、農道などの管理や農村景観の保全などの活動を行ってきた。住民が協力して買い物支援、移動支援、高齢者福祉などの生活支援活動も盛んに行ってきた。住民の収益向上を図るために、農家レストラン、農産物加工販売、体験交流事業などの地域資源利用活動も盛んに行われてきた。しかし、これらの活動だけでは、集落はやがては衰退し、選択の余地がないままに集落存続は断念に追い込まれるのではないだろうか。

何が欠落してきたのか。それは、集落の存続に寄与できる地域ビジネスであり、それを実現するイノベーション資金である。

日本の多くの集落では、組織のイノベーションを牽引するリーダーが誕生しにくかった。集落組織は年功序列の組織であり、高齢の長老が実権を握っている。組織の結束は固く、情報の伝搬も早い。長老は同世代であり、同じ情報しか持っていない。異端は存在しない。誰もが一番先に、これをやろうとは言わないのだ。また、集落の合意形成や意思決定の中心は依然男性にある。これではイノベーションは起きない。男性の高齢者だけでは、たとえ、地域ビジネスの提案ができたとしても金融機関はイノベーションに必要な資金を貸さないだろう。融資した借金を返済できる若者はいないのかと銀行は問うだろう。

長老組織が、むらつなぎができずに苛立っているのは「池田暮らしの七か条」を読めば分かる。しかし、自らも固い結束の組織から、弱いつながりの組織に更新しないと、むらつなぎに必要なイノベーションが起きない。

では他の集落はどのようなむらつなぎが行われているのであろうか。筆者は岡山県美作(みまさか)市の山間地と長崎県五島市の離島でその姿を追った。

3　棚田の草刈りで存在承認を得る

●朝2時間の棚田の草刈り

岡山県美作市の地域おこし協力隊の1期生として地域に定住する水柿大地氏が注目すべき活動を行っている。地域おこし協力隊の3年の期間終了後にみんなの孫プロジェクトを起業した。みんなの孫プロジェクトでは移住者が、毎朝集まり、棚田の草刈りをしている。草刈りは春から秋にかけての早朝2時間で行っている。午前8時頃に解散できれば、本業が成立する。参加者は医者、宿泊所経営、キャンプ場経営、カフェ経営、木工職人、薬草コーディネーター、デザイナー、狩猟者（食肉処理場勤務）、コンビニバイト、協力隊員であり、20〜40代によって構成されている。

彼らの草刈りの活動は、生業として成立しているとは言えないが、地域ビジネスの萌芽と言えるものである。しかも棚田の維持や耕作放棄地の解消という地域貢献活動であり、彼ら自身の存在感を示す活動と言えるものでもある。

●水柿氏がマネージャーとしての役割を担う

水柿氏が中心となり、草刈り作業を進めている。草刈りは、田んぼの保全と景観上必要なところに実施している。水柿氏は毎回、移住者が顔を合わせることが重要であると話しており、同氏はこの活動のマネージャーとしての役割をこなしている。当初は、担当田んぼ制としたが、水田ごとに面積のバラツキや草の刈りやすさが異なるため、不公平が生まれる。参加者が話し合い、均等に全員で全農地の草刈りをしようと管理方法を変更したとのことである。話し合いによる活動組織が存在することが分かる。

●地域ビジネスの萌芽

中山間農地保全助成金があり、若い移住者組織は草刈り、作付け、傾斜加算などで、1反（0・1

ha）当たり2万円の労働費を得ることができる。これにより参加者は20haの棚田の草刈りを行うことで、1回当たり千円以上の謝金を得ることができる。この活動により、集落の長老世代の組織と若い移住者組織は、組織間関係を築くことができる。それを介在するのが地域ビジネスの萌芽とも言える草刈りなのである。

●移住者の存在承認

若い移住者組織が集落の長老組織に認知されるためには、草刈りは重要な地域ビジネスと言える。集落の長老組織は若い移住者組織の作業に納得して、機器の貸与などを申しでることもある。棚田の草刈りは、コミュニケーションが取れる絶好の機会となっている。水柿氏は、「参加者が稼ぎと直結しなくても活動を継続できるのは、棚田を維持しているというプライドがあるからです。集落の人たちに認められたい、人としてここにいることを認めて欲しい、じいちゃんから誉められたといったことを喜びに変えられるといった働くモチベーションを持っていることが大きい」と話している。集落の地域ビジネスは、長老組織と若い移住者組織の相互承認なくして成立しない。また、若い移住者は、承認されるという自己承認欲求が大きいのではないか。

●中小規模の農業と多様な兼業でどこまでいけるか

水柿氏は、若い移住者が稼がなくてもいいとは思っていないと話す。移住者が稼がないと次の移住者につながらない。草刈りに参加する移住者は、移住者として最初に入った人が多い。だが、最初に田舎定住を始めた層は、そんなに多くはない。これから先、農村集落を維持するためには、次の層の移住者の参加が必要である。草刈りに参加した移住者はモチベーションが高いが、これからはモチベーションの低い層の受け入れが大切である。そのためには、地域ビジネスの振興が必要ではないかと考えている。

同氏は中小規模の農業という地域ビジネスと各人の多様な兼業とでどこまで生活できるか、と話すが、これは成長・拡大のビジネスを志向しているのではなく、適正規模で非競争的なビジネスを目指していることが分かる。

棚田の草刈りを行う若い移住者（岡山県美作市）（提供：水柿大地氏）

4　若者が黙々と働く姿に長老組織が大規模投資を決断

①大規模な牧草地整備

長崎県五島市の福江島からフェリーに乗ると30分で久賀島に到着する。筆者は２０２０年2月に日本農業新聞のコラム執筆のため、久賀島に入った。人口２５０人のこの島は、かつて集団移住も行われ、急激な人口減少に陥り、高齢化もはなはだしく、もはや衰退を止める方策はないと筆者は考えていた。しかし、地域に入ると畜産業が頑張っていると島民のみなが口を揃えて言う。

筆者はこの島で行われた圃場整備事業に注目している。棚田から、大きな画地の牧草地への農地転換事業である。それによって、20代、30代の有望な若手肉用牛繁殖農家が数人生まれた。

久賀島では不在地主が増え、水田の耕作放棄地が増加していた。この島で肉用牛繁殖農業を営む農家は11戸あり、この農家が牧草栽培を行っている。水田から大きな画地の牧草地への転換は、島の長老組織が決議したものである。大きな画地の牧草地は、ほぼ国から事業資金を得て整備された。まさに、集落の空洞化が始まるタイミングでイノベーション投資がなされたことが重要であると筆者は考える。

都市住民である読者には、美しい棚田が壊され、平地に造成されることや大規模化された画地が生まれることに違和感を持つ方もいるのではないか。しかし、そのような反対意見はこの島の長老組織からは出なかった。長老たちは、久賀島が将来、肉用牛繁殖農業の振興で存続することを確信して、牧草地整備という地域ビジネスの基盤を整え後継者にむらつなぎをしたのである。ここには、外部者（地方自治体）からの発意、長老組織による後継者の承認、国の資金の活用という三つの行為がある。これによりむらつなぎが行われた。

② 長老組織がむらつなぎできると思える後継者がいた

この島で畜産業を営む肉用牛繁殖農家のなかで一番若く、一番大きく畜産業を営んでいる畑田幸彦氏（34歳）を取材した。畑田氏が住む細石流（ざざれ）集落はあと2世帯のみであり、6人が住んでいる。

畑田氏は畜産農家の2代目だ。地元久賀中学校を卒業し親元就農した。久賀島には高校がなく、中学を卒業すると島を離れ、寄宿生活をしなくてはならない。しかし畑田氏はこの島を出ようとは思わなかった。高校に進学して勉強しようとも思わなかった。7人兄弟の長男であり、長男が親の跡継ぎとして生きることは当然であると考えていた。父親は主に漁業を営み、畑田氏が畜産業を担い、家族の生計を支えてきた。他の兄弟たちは成長し、みな島を出て長崎県内や五島列島で一番大きな福江島で働いているとのことだ。

畑田氏は18歳のときに、国や県の補助金と融資を受けて近代的な牛舎を細石流地区に建設した。建設から15年が経ち、借金はすべて完済した。また2年前には、猪之木地区に同じく国や県の補助金と融資を受けて2棟目の牛舎を建設した。現在この2棟の牛舎で、52頭の黒牛を飼う島内最大の繁殖農家に成長した。

牛舎を建設した当初は、島内にある小さな畑を住民から借り受け、牧草栽培を行っていた。しかし、牧草地は島内の各所に小規模に散在しており、重機の移動も煩雑を極めた。効率性に欠けていただけではなく、大型重機の導入も難しい小さな畑地も多くあった。このため、畑田氏たち畜産農家にとって、圃場整備事業による水田の牧草地への転換は大きなチャンスであった。

繁殖農家の仕事は親牛を育て、子牛を生み、9か月から10か月間の飼育をへた後に市場に売ることだ。福江島には市場があり、雄の子牛は去勢して1頭80万円、雌の子牛は1頭70万円で販売している。畑田さんは、来年度は40頭の子牛を販売する計画だと話している。

久賀島の住民は、寡黙に畜産業で働く畑田氏を見て

畑田幸彦氏（長崎県五島市久賀島）

いた。また、畑田氏という具体的なモデルがあり、島内には親の畜産業の継承を望む若者も複数生まれている。長老組織は、地域ビジネスによりむらつなぎできると思える後継者を見て、事業資金を投入することを決断した。後継者と地域ビジネスと事業資金があれば、集落が存続できるのは明らかである。

5　むらつなぎ実現のための条件

1　集落のむらつなぎには長老組織の存在承認が必要である

福井県池田町の「池田暮らしの七か条」には長老組織が地域ビジネスによる事業継承を望んでいることが伺える。岡山県美作(みまさか)市で早朝の2時間に棚田の草刈りをする移住者は地域ビジネスによる存在承認を求めている。長崎県五島市久賀島の長老組織は、若い畜産農家が黙々と働く姿を見てむらつなぎを託そうと決断した。これらの事例から分かることは長老組織から後継者へのむらつなぎには存在承認が必要であるということだ。

しかし日本の多くの集落において、リーダーと後継者が不在である。このため長老組織と後継となる移住者との間で、どのようなかたちでむらつなぎするのかの議論が行われていない。

②集落維持には地域ビジネスへの投資が必要である

筆者は、後継者がいない高齢の経営者に若い企業経営者を紹介し、経営譲渡、私的清算を橋渡ししてきた。集落の長老も高齢な経営者も予測可能な危機を眼前にして打つ手を編み出せず、何もできない姿が酷似している。行き詰まった企業の場合、銀行は、毎月必要な事業資金の融資を止める。経営者が資金の不足により身動きができない状況と、集落が選択肢を持たずに身動きが取れない状況が酷似している。

行き詰まった企業の場合は、銀行は次の経営者に経営を譲渡することを提案する。しかし、農村集落には、引き継ぐべき新しい登場人物がいない。後を継ぐ外部人材が存在せず、資金が不足して、集落再生の機会を失っている。集落住民が集落の存続を断念する前に、集落住民自身が地域ビジネスへの投資という選択肢を議論し、その後継者（外部者）を決め、尊厳ある立ち位置を確保することが必要である。長老組織が後継者に行う存在承認とは尊厳ある立ち位置の確保のことである。

③少人数でも副業でも集落の農地は維持できる

長崎県五島市久賀島の若い肉用牛繁殖農家は一人で大きな牧草地を管理できている。岡山県美作市の棚田の草刈りを行う若い移住者も少人数であり、本業を持ち生計を立てながら集落の維持に成功している。これらの事例から分かることは少人数でも集落は維持できるということだ。

第4章 イノベーションを決断できるリーダーの育成は難しい

1 多くの集落で地域ビジネスのリーダーと後継者がいない

[1] リーダーがいない集落の住民の声

鳥取県江府町の山間地の集落で肉用牛繁殖農家を営む長老たちに話を聞いた。この地域は耕作放棄地が年々拡大している。住民は高齢化し、空き家も多くあり、このまま推移すると無住化は近い。

Aさんは、63歳である。大企業に40年間勤めていた。子どもは二人（息子が一人、娘が一人）おり、地域外に出て働いている。5反（0・5ha）の農地を所有し、米を2・5反、牧草を2・5反栽培している。米は自給用である。素牛（もと）（繁殖母牛）は8頭所有し、セリで子牛を年に5〜6頭販売している。

30代、40代の頃は、半分会社で働き、半分農業で生きることが許された。しかし、現在は大企業の支所は統合され、遠隔地まで通勤しなければならなくなったという。この結果、通勤時間が長くなり、１００％サラリーマンで生きていかざるを得なかった。米価が低迷する現代において、農家だけでは生きていけず、子どもは地域外に職を求めるしか選択肢がなかった。子どもは地域外で職を得たが、ふるさとに戻ることができないでいる。山間地のこの町では、米のブランド化を目指す組織はあったが、肉用牛繁殖農業には、組織化を行おうという発意は生まれなかった。住民を動かせるリーダーが、町内に存在しなかったためであると話す。

Ｂさんは、67歳である。地域を担う人材として嘱望され大学に行かせてもらったとのことだ。大学では農業を学び、地域に貢献するために、ためらうことなく農協に就職した。農協では農協初の大学卒業の経歴を持つ職員となった。Ｂさんは、定年まで事務職として働き、技術者として育てられず、結果として農業技術は保有していなかった。２頭の肉用牛を飼養し、米を１丁（１ha）、生産組合に参加して蕎麦を３丁耕作しており、その事務局を担っている。県の指導農業士を務めている。娘が二人いるが、大都市に働きに出たため、家業の農業の後継者を育てることは断念した。江府町の農家は誰も後継者がいない。住民が自らの手で地域を守ることができていない。農業で地域を守るという意識がなかったのが大きいのではないかと話す。農協は担当があり、異動もあることから、地域の後継者を育成しようという意識がなかったのではないか。農協はその後、広域合併することとなり、この町だけで動くことができなかったと話す。

Cさんは62歳である。農協で味噌作り担当の職員として働いた。今は夫婦で農業をしている。田畑を9反所有しており、牧草を栽培している。肉用牛は3頭を飼養している。高齢化し、夫婦の一方が死亡すると、その時点で農業はできなくなる。集落の高齢者の多くは独居であり、農業はできない状況が続いている。若い人たちは農業にまったく興味がなく後継者はいない。とくに肉用牛繁殖農業は365日働かなくてはならず、大変であるという意識の若者が多い。この町の肉用牛繁殖農家にはリーダーがいなかった。農協は地域ビジネスといわれるものを何もやっていないのではないかと話す。

② 投資を行うという選択肢がない

長老たちの発言から分かることは、地域ビジネスに関する諦めや、ここまで追い込まれた弁明である。集落の衰退の要因は地域ビジネスを牽引するリーダーがいなかったこと、広域化した農協は地域ビジネスの主体とはなり得ないこと、農業で収益が上がらず後継者を育てることができなかったことである。

集落には、自治組織があり、組織の構成者によりアクションを起こすことができるはずである。しかし、存続危機に直面している全国の多くの地域や集落において、集落の存続や地域ビジネスの再生に関して、問題提起する住民は少なく、みな沈黙してきた。

日本の多くの集落でなぜイノベーションを起こすことができなかったのか。それは、地域ビジネスでむらつなぎができる後継者が不在だっただけではなく、長老組織が地縁、血縁でつながった結束の固い組織であり、長老自らがリスクを背負い事業に投資するという決断をすることができなかったからである。集落問題の多くは地域ビジネスの不在であるのに、大きな投資を行うという選択肢がなかった。イノベーションの不足が要因の一つとなり、廃業に追い込まれた乳業組織の事例を次節で見てみよう。

2　組織が生き残るためにイノベーションがどれだけ重要か

土地利用型の地域ビジネスの代表的存在である乳業会社や乳業協同組合がイノベーションを起こすことができているのかを考える。ここで取り上げるのは、1956年に創業した蒜山(ひるぜん)酪農農業協同組合（岡山県真庭市）、1955年に創業した木次(きすき)乳業有限会社（島根県雲南市）、1949年に創業した旧兵庫丹但(たんたん)酪農農業協同組合（兵庫県丹波市）の三つの乳業会社である。

旧兵庫丹但酪農農業協同組合は農協の広域合併のなかで2016年に廃業し67年の歴史に幕を閉じた。3法人は地理的に近く、いわゆる独自事業をいくつ起こしたのかを比較することで、イノベーションの有無が経営に及ぼした影響を検証する。

1 蒜山酪農農業協同組合のイノベーション

全国でジャージー牛が1万頭飼養されているなかで、蒜山地域はそのうちの2千頭を飼養しており、全国一のジャージー牛乳産地として発展してきた。蒜山酪農農業協同組合は、現在の組合員は37農場、41人によって構成されている。

蒜山地域は、第2次世界大戦前は陸軍の演習場として活用されていた。しかし、戦後に国の緊急開拓事業により開拓され、1946年に開拓者の入植を開始した地域である。1947年には、蒜山開拓団を結成し、175名が入植を開始した。1948年には蒜山原（ひるぜんばら）開拓農協が設立された。1952年に国は第2次畜産振興計画を策定し、乳牛増殖計画を打ち出した。1954年には美作地域高度酪農計画が策定され、同地域にジャージー牛が導入されることになった。平地が少ない日本で、未利用地を酪農で活用しようとしたのが始まりである。そこで選ばれたのが粗（そ）飼料の利用率が高いジャージー牛だった。美作地方でジャージー牛が導入された後に1954年に蒜山地域でも導入された（表4・1）。

ホルスタイン種に比べ、ジャージー牛は産乳量が2／3程度と少ないために、生産量で他地域と競争することはできなかった。こうした危機感を酪農家たちが共有し、ジャージー牛が脂肪分の高い生乳を生産できることを前面に出した、乳製品の加工や観光事業への参入など数多くのイノベーションを生みだしてきたことが蒜山酪農農業協同組合おける独自事業の推移を見れば分かる。独自事業こそが、組織のイノベーションに貢献し、事業の成功が、地域の誇りにつながり、組合が生き残り、後継者を育ててこられた要因と言える。

② 木次乳業有限会社のイノベーション

木次乳業有限会社は、佐藤忠吉氏が中心となって1955年に創業された。日本で最初にパスチャライズ牛乳(低温殺菌牛乳)の販売を手がけたリーダーが佐藤忠吉氏である。1972年には、有機農業研究会を結成した。1990年に自社牧場として日登牧場を開設し、山地放牧を開始した。同時に農水省の乳牛の輸入認可を得てブラウンスイス種の飼養を

表4･1　蒜山酪農農業協同組合おけるイノベーションの推移

年度	施設名	牛乳	乳製品	精肉	観光
1956年	牛乳処理施設(市乳)	○			
1970年	牛乳処理施設(市乳)	○			
1983年	チーズ製造施設		○		
1986年	乳製品・肉処理施設		○	○	
1990年	乳製品製造施設		○		
1990年	ふるさと特産展示等交流館				○
1991年	ハム製造施設			○	
1993年	乳製品製造施設		○		
1996年	ビジターセンター				○
1997年	ライディングパーク(乗馬クラブ)				○
2003年	生乳加工施設	○			

(資料：三秋尚(1999)『蒜山酪農地域の形成、そして農山村の変容』「第2部　蒜山酪農地域の形成」7章 https://okayama.lin.gr.jp/tosyo/hiruzenrakunou/dai2bu/2-11dai7.pdf、p.294、表63をもとに筆者加筆)

開始した。1993年に、野菜を作る農園、国産大豆を原材料とする豆腐工房、ぶどう園とワイン醸造所などが集まる「食の杜」を創設し、平飼いの鶏が産む有精卵、素材や水、加工法にこだわった醤油、食用油、パンなどの生産者ネットワークを構築し、通信販売を開始した。

木次乳業はリーダーの旺盛な情報収集活動のもと、乳業以外の農業の多角化を進めてきており、多角的な事業への挑戦が、組織のイノベーションに貢献してきた。これが、木次乳業のブランド化に貢献し、乳業会社が生き残り、後継者を育ててきた要因と言える（表4・2）。

③ イノベーションを決断できなかった旧兵庫丹但酪農農業協同組合

旧兵庫丹但酪農農業協同組合は、1955年から牛乳を作り、その他には1992年に製造機械を導入したヨーグルトのみの製造を行ってきた乳業会社である。

兵庫県南部には阪神工業地帯があり、この地域には大手乳業会社が集中的に立地している。大手乳業会社の生乳の需要は大きいが、県内の市街化の進展、環境問題、後継者不足などにより農家戸数は減少せざるを

表4·2　木次乳業におけるイノベーションの推移

年度	施設名	牛乳	乳製品	観光	その他農業	酒造
1955年	牛乳処理施設	○	○			
1972年	有機農業研究会を結成				○	
1990年	自社牧場にて山地放牧を開始				○	
1993年	「食の杜」を創設			○	○	○
1993年	生産者ネットワークを構築				○	

（資料：筆者作成）

えない状況にある。このため、農家をまとめて乳業会社と交渉し、農家から生乳を集め乳業会社に運ぶ兵庫県の指定生乳生産者団体は、舞鶴港や敦賀港に到着するフェリーから北海道で生産された生乳を運搬することで県内需要を満たしてきた。

また、指定生乳生産者団体が広域合併を繰り返し、赤字化する旧兵庫丹但酪農農業協同組合がイノベーションの機会を失ってきたのではないか。逆に言うとイノベーションを決断できるリーダーが組織のなかにいなかった。これにより、赤字を生み、その結果、前述のように2016年に廃業にいたった（表4・3）。

4 事業継承し生まれた丹波乳業

旧兵庫丹但酪農農業協同組合が所有していた製造機械は老朽化していたが、若い酪農家に白羽の矢が当たり、後継者が誕生した。新たに事業を継承し丹波乳業株式会社の代表取締役に就任したのは吉田拓洋氏（44歳）である。吉田氏は子どもの頃から生き物が好きだった。吉田氏は兵庫県三田市生まれであり、母のふるさとである丹波市青垣町によく遊びに行っていた。母の実家のまわりでは黒牛やホルスタイン牛を飼っており、牛がとくに好きだったと話す。

表4・3　旧兵庫丹但酪農農業協同組合におけるイノベーションの推移

年度	施設名	牛乳	乳製品	その他農業
1955年	牛乳処理施設	○		
1991年	乳製品製造施設		○	○

（資料：筆者作成）

高校2年の作文において何になりたいかとの課題が出て「生き物が好きだ、酪農をやりたい」と書いたところ、その文章を読んだ家が酪農家である友人から2泊3日の酪農実習に来ないかとの誘いを受けた。きつい、汚い、臭いの3K作業を経験したが、この経験を契機に帯広畜産大学に進学し、酪農の勉強をした。在学中は酪農家でバイトをしていたとのことだ。

しかし酪農は無理と感じ、北海道浦幌町のサラブレットの調教師として働き、31歳で結婚し、兵庫県に帰ってきた。兵庫県に帰ってからは、丹波市青垣町の母親の実家近くで、酪農家が、後継者を探していることを聞き、2009年に第三者継承により事業を引き継いだ。

当時丹波市内には酪農家が35軒あったが、就農3年目に兵庫丹但酪農農業協同組合の理事に就任した。酪農家にとって牛乳センターの存在は大きい。小中学校の牛乳は丹波市産の牛乳で賄っている。安心できるものを提供しており、今後も守り続けたいと話している。

兵庫丹但酪農農業協同組合の乳業設備は老朽化している。このため兵庫丹但酪農農業協同組合は牛乳センターの廃業を考えた。このためコンサルタント会社から新会社を創設し事業を引き継ぐという提案を受けた。また吉田氏が会社の社長をやったらどうかとの打診も受けた。

2014年3月に会社を創設し、学校給食の事業継承のための手続きや指定生乳生産者団体との調整をへて、同年10月に事業継承が成立した。農林漁業成長産業化支援機構（A－FIVE）の出資を受けた。A－FIVEの出資には農家の出資が必要であり、帳簿上は残っている兵庫丹但酪農農業協同組合の組合員出資金2千万円を担保に、中兵庫信用金庫からの手形融資2千万円を受けることで資金を捻出し、新会社が、出資金を買い取ることで農家の1／2の拠出金を生みだした。出資金、土地代、不良債権など合わせて2億円の借金を肩代わりしたことになる。

月商7千万円の事業である。金融機関からの短期融資により事業を回している。従業員は41名であり、利益は出ていない。

丹波乳業は毎日10～12tonの牛乳を生産している。年間4千ton生産しているが、県内で一番小さな乳業会社である。全国でも下から10番目である。現在の酪農家数は、丹波市11戸（創業当時は35戸）、養父市2戸、朝来市2戸である。

5 指定生乳生産者団体の分裂

旧兵庫丹但酪農農業協同組合がイノベーションをできなかった背景には、上部組織が合併を繰り返したこともある。

吉田拓洋氏（兵庫県丹波市、丹波乳業株式会社代表取締役）

表 4･4　兵庫県の指定生乳生産者団体再編経緯

年度	酪農組織再編経緯
1966 年	加工原料乳不足払い法制定、兵庫県酪農農業協同組合連合会が指定生乳生産者団体として認可
1977 年〜1986 年	生産者乳価が最高値を更新し、酪農好景気
1987 年〜	市街化、環境問題、後継者不足により農家戸数減少
1991 年	酪農組織強化推進計画策定（県酪連）、県内 6 ブロック化による組織再編を提示
1991 年	加西市と神崎郡の酪農農業協同組合合併
1993 年	西播と宍粟郡の酪農農業協同組合が合併
1995 年	ウルグアイラウンド合意（酪農の国際化）を契機に廃業増加、乳牛頭数減少、生乳生産量減少
1998 年	阪神、東播、西播、但馬丹波、淡路の 5 ブロックに統合
2001 年	南但、氷上郡、多紀郡酪農協が合併
2007 年	洲本市、三原郡酪農協が合併
2016 年	兵庫県酪農農業協同組合連合会と 9 酪農組織の事業を引き継ぎ、県全域を事業区域とする兵庫県酪農農業協同組合を設立
2018 年	兵庫県酪農協とハイクオリティミルク農協に分裂

（資料：『畜産技術ひょうご』第 57 号、兵庫県酪農農業協同組合年表（ホームページ）を参考に筆者作成）

表 4･5　兵庫県酪農協とハイクオリティミルク農協の実績

項目	兵庫県酪農農業協同組合	ハイクオリティミルク農協
生乳受託販売実績（2020 年）	4 万 5,699 ton	2 万 6,846 ton
農家数	160 戸	49 戸
1 戸当たり生乳受託販売量	28 万 5,618 ℓ	54 万 7,884 ℓ

（資料：兵庫県酪農農業協同組合）

兵庫県には酪農家で構成される五つの酪農組合があり、それぞれ牛乳を生産していた。また、県内で生産される酪農家が生産する生乳を乳業会社へと運搬する指定生乳生産者団体は一つにまとまっていた。五つの酪農組合を一つの団体にしようとの話となり、兵庫県酪農農業協同組合の創設が検討された。しかし、丹波組合と淡路島組合には負債があり、これをどう引き受けるかが懸案であった。話し合いにより負債を引き継ぐ、会社をつくることとなった。それぞれ丹波乳業と淡路島牛乳を創設し負債を引き受け、兵庫県酪農農業協同組合は共進牧場、森永乳業、雪印メグミルク、丹波乳業、淡路島牛乳により構成され再スタートした（表4・4）。

しかし、借金処理が終わったとたんに指定生乳生産者団体の役員同士にいざこざが起きた。なぜ大きな酪農家が小さな酪農家の面倒をみないといけないのかとの話となり、小規模農家が主体となった兵庫県酪農農業協同組合と大規模農家が主体となり新たに組成されたハイクオリティミルク農業組合に分裂した。兵庫県は法律上新しい組合組成を拒めなかった。丹波乳業は兵庫県酪農協に属しており小規模農家が主体である。高齢化し後継者がいない農家も多く、地域の生乳の活用が危ぶまれる乳業会社である（表4・5）。

3　衰退と発展の分かれ目にある浜中町農業協同組合

1 反対を押し切ったリーダー・石橋榮紀氏は稀有な存在

●親が病に倒れ、家業を引き継いだ

石橋榮紀氏は、長く浜中町農業協同組合長を務めてきた。所有する牧場の面積は74haあり、借地34haとの合計108haで酪農経営を行っている。飼養頭数は親牛が110頭、育成牛が90頭であり、合計200頭を飼養している。

石橋氏は、地元の高校を卒業し、東京にある大学で工学を学んでいたが、父親が病に倒れ、卒業後に家業である酪農を引き継ぐために、ふるさとに帰った。酪農の現場に入った頃は、酪農の専門書を読むなど一番勉強した。牧場開設時は14頭であったが、少しずつ自家繁殖し、飼養頭数を増やしてきた。

酪農経営は息子夫婦が継承したが、孫は民間の会社に就職しており、酪農を継ぐ意思はなく、将来的には酪農業を廃業することになると話している。息子夫婦も、飼養頭数を増やす意向はなく、牧場の拡張意欲もないと話している。

●提案は何度も否決された

1979年に北海道では乳価の暴落があり、離農が進行した。1982年に草地造成や更新の事業を行う北海道農業開発公社が、10組が入植できる牧場の整備を実施した。1983年に新規就農第1号が北海道で誕生した。その後、1984年から1987年までの間に北海道全体で60組の新規就農者が入植した。こうした動向を踏まえ、浜中町も新規就農者を受け入れる時期にきていると農協において発言し、新規就農者の受入体制の確立の提案を2回行ったが、そのたびに提案は否決された。

1987年に十勝の牧場に入植した若者が、牧場の立地条件の悪さや、実現したい夢もあるので再度場所を変えてチャレンジしたいとの情報が入った。その後、その若者と会い、浜中町はいつでも受け入れると伝えた。その若者は翌年3月末に突然牛を連れて引っ越してきた。酪農関係者からは、他の地域で入植した5年目の新規就農者を浜中町が奪うようなことは良くないのではないかと怒られた。

酪農家には、実務経験が必要であり、牧場経営はすぐにはできない。地域のなかで牧場の後継を希望する人材も減少してきた。このため研修牧場構想を検討し、1990年に全国初の酪農研修牧場を建設した。また主に新規就農者を対象に酪農ヘルパー組合も組成した。これらの試みが奏功して浜中町は、38名の新規就農者を牧場経営者として自立させることができた。浜中町の酪農家のおおよそ1／3は、新規就農者が占めている。

浜中町農業協同組合が取り組むこれらの事業は、当初は北海道庁も中央会も連合会も反対した。農業高校があるではないかというのが理由であった。酪農業は、高校を卒業して就農してもすぐに自立することは難しく、研修牧場は必要であると反論した。また、石橋氏は放牧酪農を推進し、牧草地の土壌分析、生乳の成分分析などの先進的取り組みが功を奏し、ハーゲンダッツアイスクリームを製造するタカナシ乳業の誘致に成功した。

石橋氏は、酪農研修牧場、酪農ヘルパー組合、放牧酪農の推進、土壌分析、生乳の成分分析などの実に多くの新事業を周囲の反対を押し切り、実行した。これは、すべてイノベーションである。またハーゲンダッツアイスクリームを製造するタカナシ乳業の誘致は創発という現象である。多くの反対を押し切り実行するリーダーは、いたって稀な存在である。また、これらの取り組みは、テレビでも特集され、全国的に注目される存在となった。その後、全国農業協同組合連合会総代に就任するなど浜中町の地域リーダーとしてカリスマ的な存在となった。

石橋榮紀氏（北海道浜中町農業協同組合元組合長）

② 忙しすぎる酪農後継者

A氏は8団地160haを所有する浜中町有数の酪農家である。地元の農業高校で酪農を学び親元就農した。現在、親牛を400頭、育成牛を200頭、合計600頭を飼養する大規模経営牧場（メガファーム）である。浜中町の酪農後継者として酪農ヘルパー組合の代表も務める。石橋氏の後を継ぐ次期リーダーであるA氏は、牧場は大規模経営を行っているものの、家族経営であり、従業員は3人と少ない。今は家族の休みが取れない状況が続いており、息子たちに決まった定休日が欲しいと話している。牧場では、品質の高い生乳を作ることに注力しており、六次産業化、観光への進出意欲はない。これは、時間がなく、地域ビジネスに必要なイノベーションを起こせない状況と言えるのではないか。

③ 研修牧場は維持するのみでアップデートされていない

石橋氏が周囲の反対を押し切り実行してきたことを考えると、そうしたリーダーがいなくなるとイノベーションが不足し、やがて酪農組織は自己破壊的なものになる。これは、まさに旧兵庫丹但酪農農業協同組合と同じ状況に向かっていると言えないか。同町に住む新規就農者は、「カリスマ石橋イズムは大きな存在である。研修牧場は維持するのみでアップデートされていない」と地域ビジネスのイノベーション不足を危惧している。大切な発言であると思う。

④ イノベーションを多く行うことで創発は生まれる

経営学者の藤本隆宏は、創発とは「瓢箪から駒」「怪我の功名」「思惑倒れ」であると定義している。地域活性化の事業のなかでイノベーションを多く起こしていると創発という現象が起きることがある。事業は計画どおりにいかないことが多いが、予定外の事態は時としてわれわれを新領域に連れてゆく。まさに瓢箪から駒の現象を注視していく必要がある。

本章で見てきた事例でも創発は起きている。浜中町農業協同組合が取り組む事業は、当初は北海道庁も中央会も連合会もみな反対したとあるが、だからこそ北海道では初めての取り組みであり、この先進的取り組みが功を奏し、ハーゲンダッツアイスクリームを製造するタカナシ乳業の誘致に成功した。まさにこれは「瓢箪から駒」の現象と言える。タカナシ乳業側から見ると浜中町農業

タカナシ乳業株式会社の誘致成功は創発と言えるのではないか（北海道浜中町）

協同組合が行う新しい事業は光っていたはずである。

5 脅威の誕生

タカナシ乳業の誘致だけで浜中町は万全とは言えない。浜中町に隣接する別海町のふるさと納税額は2022年に69億円にも達し、酪農・水産および商工観光等の振興発展および地場産品等による商品開発に資する事業への投資を強め、第三セクターである株式会社べつかい乳業興社が東京への進出を果たしているのだ（図4・1）。アイスクリームの流通に関する多額の投資が隣接する別海町により行われることは、浜中町にとって大きな脅威の出現と言える。

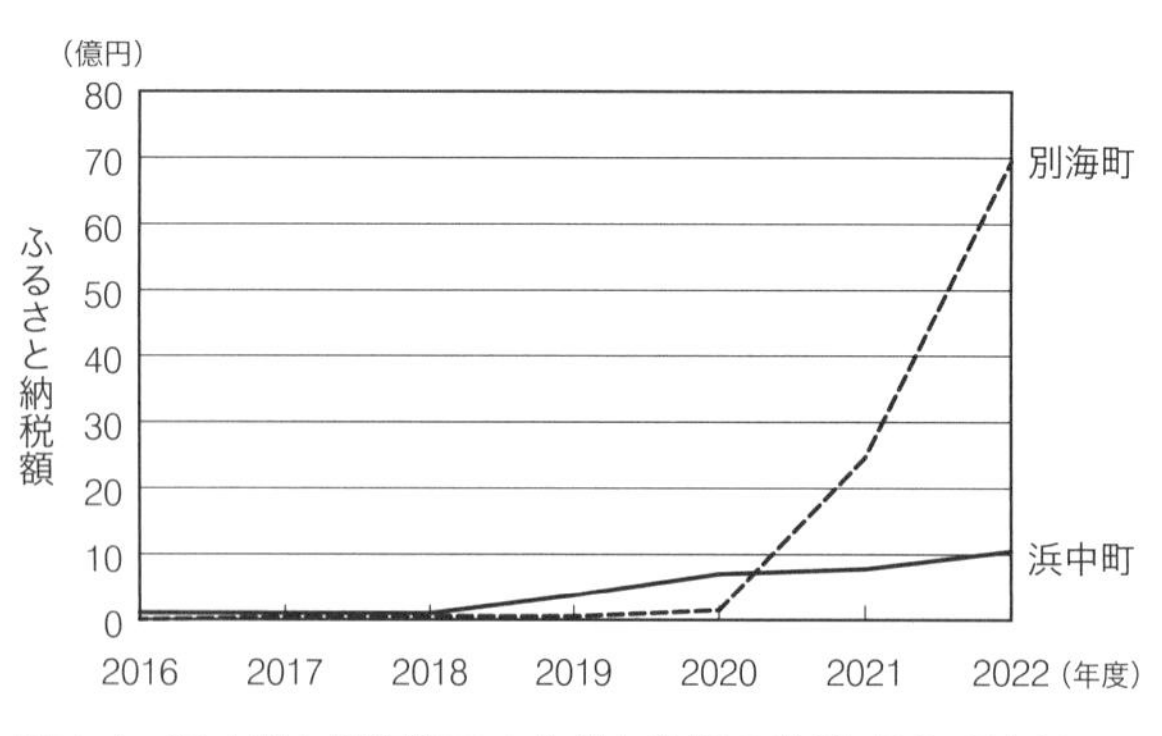

図4･1　浜中町と別海町のふるさと納税の推移（資料：総務省）

4　イノベーションを理念として引き継ぐ木次乳業の新リーダー

①イノベーションの達人・佐藤忠吉氏

筆者は佐藤忠吉氏に二度面会している。東京で開催されていた島根県出身者の勉強会「八雲の会」を主宰した三島律夫氏（元住友金属）とともに木次(きすき)町の奥出雲葡萄園を訪問し、名刺交換をさせていただいたのが1回目である。名刺の肩書には百姓と書いてあったのが印象的であった。2回目は、松江市で開催された筆者の講演会にわざわざお出でいただいたときだ。このときも名刺交換を行い、百姓の肩書の名刺をいただいた。今から思えば、好奇心旺盛なイノベーションの達人が佐藤忠吉氏である。

佐藤忠吉氏は1920年島根県木次町（現雲南市）に生まれた。小学校卒業後に家業である農業に従事する。戦後になり酪農業を始め、1962年に仲間たちと有限会社木次乳業を起業する。1969年には同社代表取締役に就任した。現在は、木次乳業の相談役となっているが、この原稿を書いている最中の2023年9月に103歳で亡くなられた。木次乳業は、乳業会社では日本で最初にパスチャライズ牛乳を製品化した。百姓にして哲学者、酪農家、乳業メーカーの実業家といわれ、地域ビジネスを牽引してきた。

佐藤忠吉氏が有機農業を牽引してきたのは、化学肥料を用いた牧草により、乳牛が次々に乳房炎、繁殖障害、起立不能などの病気を発症し、それが農薬中毒であることに気づいたからである。乳牛が生産する生乳の安全性を保つため、乳牛の給餌を山野草に切り替え、山地放牧を推進したのである。1972年に木次有機農業研究会と木次緑と健康を育てる会を設立し、本格的に有機農業の勉強を開始した。

② パスチャライズ牛乳は大量生産ではない証である

佐藤忠吉氏のもう一つの功績は、日本で最初にパスチャライズ牛乳を製品化したことである。パスチャライズとは生乳の殺菌方法である。牛乳は腐りやすいために熱による殺菌が必要であるが、大手乳業会社は120〜135℃の加熱時間2秒の殺菌方法を採用している。パスチャライズ殺菌法は生乳が持つ品質を損なわずに殺菌する方法として考えられた65℃の加熱時間30分や72℃の加熱時間15秒間の殺菌方法である。しかし、殺菌時間がかかるため、大量生産には不向きである。木次乳業のホームページでは「本格的なパスチャライズ牛乳開発に取り組みを始めたのは、昭和50年（1975年）である。いろいろな条件で熱処理した牛乳を発酵させ、データを取りながら3年間、仲間たちと毎日飲み続けて安全性を確かめた。同時に酪農家には飼料から乳搾りの仕方、牛舎の管理法まで徹底し、細菌数を細かく調べて乳質向上を求めた。こうして昭和53年（1978年）にパスチャライズ牛乳を流通化した」と当時の試行錯誤の様子を伝えている。

また、濃厚飼料といわれる外国から輸入するトウモロコシを乳牛に与えず、「3・5牛乳」「3・6牛乳」「3・7牛乳」といった濃厚牛乳競争にも参加しなかった。フードマイレージという思想をいち早く認識していたからである。

木次乳業の創業者である佐藤忠吉氏のインタビューをまとめた森まゆみの『自主独立農民という仕事』（バジリコ、2007年）によると佐藤忠吉氏は「百姓にできんことはない」という自負を持っており、これがイノベーションの源泉であると理解できる。名刺の肩書に百姓と書き記し、乳業だけではなくチーズ、ワイナリーと、その後もイノベーションを連続させるのだ。

森の著書には、佐藤忠吉氏の「木次乳業の場合、日登で40頭のほか、3頭、5頭、7頭くらいの小規模農家を含め、30戸あまりの農家から生乳を集めている。農水省は80頭くらいを平均としているが、なるべく規模を拡大

東京のスーパーでも人気が高い木次パスチャライズ牛乳（木次乳業）

しないようお願いしている。売れなくてもいい。農民の再生産ができる価格を割るな、と考えていました。我々乳業メーカーはジョイントに過ぎない。あくまで独立自営農家を育てるのが仕事だ」との発言を記している。

土地利用を維持する地域ビジネスとは、まさにジョイントであると筆者は思う。そして、形見として「ジョイント」という言葉を本書でいただこうと思う。

③ 理念を引き継いだ木次乳業3代目社長

佐藤忠吉氏の考え方は、この本を介して、木次乳業の後継者たちに客観的に伝わっていることが、木次乳業3代目社長として事業を継承した孫の佐藤毅史氏のインタビューから分かる。なお、佐藤毅史氏が地域ビジネスのリーダーとして事業を引き継ぐまでの経緯を把握することは、産地のリーダーづくりにおおいに参考となる。

●リーダーの後継者として育成されている

木次乳業は1962年に佐藤忠吉氏らにより創業された。2代目社長は長男の佐藤貞之氏（現在相談役）であり、2021年に孫の佐藤毅史氏（45歳）に事業継承した。毅史氏は北海道酪農学園大学を卒業し、北海道にて酪農設備会社に就職し経験を積んだ後、北海道の酪農家において研修を積み、帰郷後に木次乳業に入社した。木次乳業の専務として10年間勤務した。まさに乳業会社のリーダーとして育成されてきた人材である。

●地域が持っている資産を地域ビジネスとして継承している

木次乳業に生乳を提供していた木次町酪農生産組合は時代にそぐわないとの理由から廃業した。現在は近隣の酪農家から生乳を集め、乳業会社を経営している。木次乳業が管理委託する日登牧場（24ha）での放牧は継続している。また、奥出雲町に30haの牧場を地域の農家とともに運営しており、乳用牛（ブランズウィック種）を80頭飼養している。また、飯南（いいなん）、三瓶の大規模経営する酪農家から生乳を得ている。

木次乳業に酪農家の生乳を搬送するのは中国生乳販売農業協同組合連合会（中国地域の指定生乳生産者団体）である。同組合は中国5県の生乳を中国地方内の乳業会社に分配するとともに大阪や四国の乳業会社に生乳を搬送している。木次乳業に生乳を卸す農家は現在25戸ある。この多くが小規模酪農家である。木次乳業は、島根県内に約4割を、関西地方を中心とした県外に約6割の牛乳を販売している。

酪農家は減少の一途であり、苦しい状況にある。島根県と協議し、またJAの参加を呼びかけ、新規就農者動向調査を始めているところである。このアンケート調査では、島根県東部エリアの酪農家は増頭意欲があるとの調査結果を得たと地域の実情を話している。また、酪農は牛の生活に対応するため拘束時間が厳しい職業であるが、朝7時と午後5時に搾乳するなどのスケジュールを組み従業員の自由な時間を確保できるよう努めている。また、牛の自由度も上げている。また牛舎環境の向上に努めていると話している。

●何でもする

創業者の佐藤忠吉氏は名刺に百姓と書いていたが、これは「何でもする」という意味である。佐藤毅史氏も牛乳販売の拡大に努力はするが、たまたま乳業会社が軌道に乗っただけであり、牛乳生産だけに留まらず、地域に仕事を提供できる事業や暮らしがよくなる事業は臆することなく進めると話していた。つまり、好奇心に基づき、情報収集を継続し、頻繁なイノベーションを行う覚悟ができていることを示している。木次乳業は、地域ビジネスを継ぐリーダーの育成に成功し、地域も新しいリーダーに対して承認を与えていることが窺える。

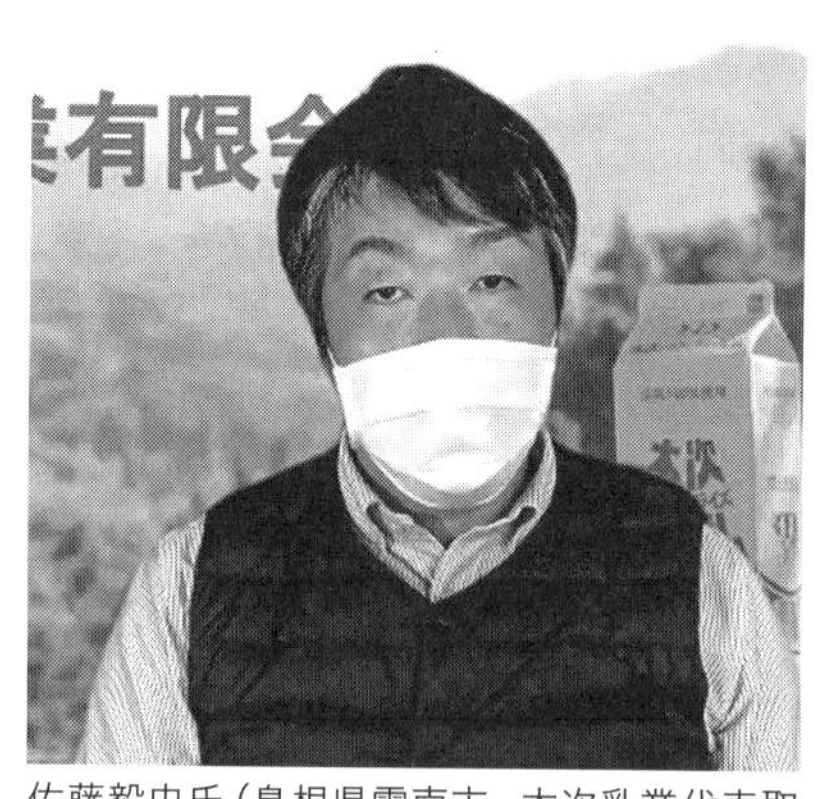

佐藤毅史氏（島根県雲南市、木次乳業代表取締役）

●奥出雲葡萄園のその後

奥出雲葡萄園は1990年、木次乳業の一事業部門として誕生した。現在は安部紀夫氏に経営移管されている。有機栽培を目指した山ぶどうから作ろうとしたが、高級ワインには欧州系のぶどうが常識であり、経営に行き詰まった。山ぶどうを諦めようとしたが、佐藤忠吉氏が継続のための努力を促した。

時代が変わり、現在ではデラウエア、巨峰、山ぶどうで作るワインも品質の高い「日本ワイン」と評価されるようになった。新発売の「小公子」は3500本を完売している。今や日本ワインは欧州系と両輪になってきた。現在の供給量は年間5万本であるが、コロナ禍が明けて、販売の目途は立ってきた。収益改善のため、レストラン向けの出荷を増やしたいと、ここでもイノベーションを起こせる後継者が生まれている。

5 イノベーションを起こす当事者がいないと事業の継続は難しい

旧兵庫丹但酪農農業協同組合は新事業に進出しなかった。蒜山酪農農業協同組合と木次乳業は多くの分野に進出した。これらの独自事業の経緯を見れば分かるとおり、旧兵庫丹但酪農農業協同組合は主体的に新事業に取り組む姿勢が見られない。逆に蒜山酪農農業協同組合は乳量がホルスタイン種の2／3であるジャージー牛の弱みに危機感を持ち、イノベーションを繰り返してきた。木次乳業もリーダーの視野の広さと好奇心のもと、パスチャライズ殺菌を実施し、乳業以外の農業の多角化を進め、イノベーションを欠かさなかった。

浜中町農業協同組合は反対を押し切る稀有なリーダーがさまざまなイノベーションを行い、ハーゲンダッツアイスクリームを製造するタカナシ乳業の誘致に成功したが、イノベーションを続ける後継者が育っているとは言えない。

旧兵庫丹但酪農農業協同組合はJAの広域合併のもと、上部組織が合併され、現場を知らないリーダーからは具体的な指示が出ないだけではなく、下部組織である乳業会社は指示待ちの状態では、赤字に陥っても当事者として打開できなかったことが分かる（表4・6）。

カーネギー学派のサイモン（Simon）は「限定された合理性」を定義している（入山、2019）。人は合理的に意思決定を行うが、しかしその認知力・情報処理力には限界がある。少ない選択肢から一つを選んだ意思決

表4・6　乳業組織が進出した分野

乳業組織	生乳	牛乳	乳製品	精肉	観光	その他農業	酒造
蒜山酪農農業協同組合		○	○	○	○		
有限会社木次乳業		○	○		○	○	○
旧兵庫丹但酪農農業協同組合		○	○				
浜中町農業協同組合	○					○	

（資料：筆者作成）

定者は、行動を起こす。その行動の結果、意思決定者の認知が広がり、新しい選択肢が見えてくる。それが今より満足できるものなら、合理的な意思決定者はそちらに移る。この行為を「サーチ」という。

つまり、旧兵庫丹但酪農農業協同組合は牛乳や乳製品を製造することに、実に真面目に専念してきたが、「サーチ」を怠ってきたのではないか。仕事に専念するという知の深化が増大して、サーチという知の探索が減ると組織の適応プロセスを自己破壊的なものにしかねないとマーチ（March）は述べている。この状況を「コンピテンシー・トラップ」という（入山、２０１９）。まさに旧兵庫丹但酪農農業協同組合はこうした状況に陥っていた。地域ビジネスは勤勉に従事しているだけでは中長期的にイノベーションの枯渇に陥り、組織が行き詰まることが、カーネギー学派の理論でも裏付けられる。地域ビジネスには、当事者自らが考え、リスクを背負うイノベーションが必要である。

第5章 地域ビジネスを継承できるリーダーは外にいる

1 「投資と経営の分離」と「経営とオペレーションの分離」がポイントだ

[1] スーパーマンは来ない

SNSで集落の存続に向け「スーパーマンはやってこない」と発信する方をよく目にする。地域問題を解決するリーダー的な存在は、地域からは誕生しないし、外部からもやってこない。自分たちの立ち上がりなくして、地域問題は解決しないというメッセージだ。

しかし、自分たちが立ち上がることさえも無理がある。地域ビジネスを継承できるリーダーをスーパーマンと称するのであれば、別のところにいると筆者は言いたい。

② 日本最大のドライブインがピンチ

30年前から事業の相談相手としてたびたび訪問していた日本最大規模のドライブインの社長から電話がかかってきた。この会社はコロナ禍のなかで団体客の客足が減少し経営危機を迎えていた。聞けば安部首相が打ち出した中小企業の資金繰りを支援する無利子・無担保の融資を受け、その返済が始まると同時に、資金がショートしそうだとの電話だった。地域の金融機関は東京のファンド会社を引き連れ、社長を訪問し、「ドライブインの建屋も資産も引き渡してほしい」と話した。さらに従業員は全員解雇し、施設も分解して個別に販売するとの方針を社長に通告した。

この地域への理解があるのは東京の企業ではなく、大阪や名古屋の企業ではないかと筆者は考え、大阪のＩＴ会社の会長・尾上尚史氏に相談した。尾上会長に電話すると、筆者の話を聞きながらキーボードをたたいている。そして、このプロジェクトに興味があると返信する社長がいるとの情報が即座に電話越しから伝えられた。キーボードの向こうにいる主は大阪で不動産会社サウンドプランを経営する迫中智信氏（50歳）だった。

③ハードではなく運営に投資する新しい不動産業

●不動産業界の革新児・迫中智信氏

迫中氏は、学生時代はどこにでもいるような、サッカー大好きのスポーツ少年であったと語っている。高校を卒業する頃、初めて将来の自分について考え、当時興味を抱いていた金融業界を色々と見て回ったが、当時の金融業界というのは学歴社会の文化が非常に強く、どうしても明るい未来が想像できなかった。友人の父親が経営していた不動産会社で、社員を募集していることを知り、その会社の社長の強い勧めもあり、入社を決意したとのことである。金融業界より不動産業界のほうがダイナミックなビジネスを体感でき、しかも起業もしやすい業界であるという説明に心が揺らいだと述懐している。

時代はバブル崩壊直後であり、とくに不動産業界は苦境を迎えている時代であった。幸いなことにその会社は地域密着型であり、顧客第一主義の方針を取っていたため、バブル崩壊の影響は少なく、優良な大手企業との取引が続いていた。しかし、迫中氏は企業の不動産にこだわることなく、広く住宅の不動産にも事業を広げ、新たな挑戦をしていきたいと考えていた。当初は社長の反対があったものの、これから住宅市場が大きくなるという確信を持ち、「自分の給料はいらないからやらせてくれ」と社長を説得した。一人で始めた住宅事業はみるみるうちに成長を成し遂げ、最終的には既存の売上を大きく上回るほどにまで成長した。それにともない部下も増え、事業継続を図れる収益モデルを整えたのちに、新たな挑戦を志し、起業を決意したとのことである。

迫中氏は、今まで売買が中心であった不動産業界で、ハードそのものだけを提供するのではなく、その運用方法やノウハウも一緒に提供するという新しいアプローチ方法を展開してゆきたいと力強く語っている。迫中氏がいう運用方法やノウハウこそが、日本が生き残れるビジネス領域ではないか。そして迫中氏は、挑戦し続けると言ってる。まさにイノベーションを続けることが、会社が生き残る唯一の方法であることを知っている数少ない経営者である。

●借主として運営に特化したビジネス

迫中氏の会社は、島根県出雲市にあるＮＩＰＰＯＮＩＡ出雲平田木綿街道、ＮＩＰＰＯＮＩＡ出雲大社門前町の二つの古民家ホテルの経営を行っている。しかし、迫中氏の会社は古民家に投資してホテルやレストランとして改築する事業者ではない。投資リスクを避け、管理運営というソフト事業に

NIPPONIA 出雲平田木綿街道（島根県出雲市）
（提供：株式会社サウンドプラン）

特化する経営者である。イタリア料理やフランス料理と古民家の宿泊を組み合わせ、1泊5万円近い宿泊飲食料を得るホテルを実現するとともに古民家改築というハード事業に投資した事業者に家賃を支払う借主なのだ。

出雲市のＮＩＰＰＯＮＩＡの事例から分かることは、改築等の投資を行うまちづくり開発会社と運営する会社が分離していることである。

また、運営会社のリーダーは現地にいなくとも、遠隔のオペレーショによって運営はできることが大きな特徴である。迫中氏は、1か月に何度かは出雲市を訪れ、2か所のＮＩＰＰＯＮＩＡを訪問し、マネージャーや従業員とともに現場の運営を考え、経営者として経営方針を決定している。

④ ＮＩＰＰＯＮＩＡが実証した投資と経営、経営とオペレーションの分離

●県庁職員の古民家への関心

迫中氏が運営を受託しているＮＩＰＰＯＮＩＡとはどのような組織なのであろうか。ＮＩＰＰＯＮＩＡができた経緯を取りまとめると表5・1のとおりである。

2004年にＮＰＯ法人たんばぐみにおいてまちなみ景観部会ができ、丹波篠山古民家再生プロジェクトがスタートした。兵庫県職員の金野幸雄氏は、県職員の酒井宏一氏（ＮＰＯ法人町なみ屋なみ研究所）とともに、古民家の再生活動に参加した。

表 5･1　NIPPONIA が誕生した経緯

西暦	沿革
2004 年	NPO 法人たんばぐみにまちなみ景観部会ができ、丹波篠山古民家再生プロジェクトがスタート。兵庫県職員の金野幸雄氏は、県職員の酒井宏一氏とともに、古民家の再生活動を開始。
2005 年	酒井隆明氏は敷地面積約 100 坪の町屋を 1,000 万円で購入。一般社団法人 ap bank による融資を活用し改修を開始。
2007 年	丹波篠山古民家再生プロジェクト完成。改修を終えた町屋は、複数の不動産会社に仲介を依頼し売却（2,230 万円）。古民家を不動産市場に安価で流通させられることを実証（金野氏発言）
	篠山市長選挙で酒井隆明氏が当選、金野幸雄氏は副市長に就任
2009 年	篠山再生計画（まちづくり編）を策定
	一般社団法人ノオト創業
	一般社団法人ノオトは丸山集落に 7 戸ある空き家のうち、3 戸の空き家の所有者と賃貸借契約を結び、2009 年より改修工事を開始。また集落の全世帯主と空き家の所有者が理事となる NPO 法人集落丸山を設立。集落の維持管理を事業内容とし、一般社団法人ノオトと連携した有限責任事業組合 LLP 丸山プロジェクトを設立
	「集落丸山」開業
2015 ～ 2017 年	兵庫県の国家戦略特別区域への指定、特例措置＝国家戦略特別区域法の施行 「古民家等の歴史的建造物に関する旅館業法の適用除外」により旅館のフロントの設置基準を緩和。城下町全体をひとつのホテルとして運営可能になる
2015 年	国家戦略特区により分散型ホテルを規制緩和し、篠山城下町ホテル NIPPONIA（兵庫県丹波篠山市）実現
2016 年	株式会社 NOTE 創立
2017 年	JR 西日本グループと資本提携
2018 年	旅館業法の法律改正により、「分散型ホテル」「一棟貸し」モデルが全国で実現可能となった。
2019 年	社会資本整備総合交付金空き家再生等推進事業（活用事業タイプ）制度化
	NIPPONIA 事業を全国 10 地域に展開
2022 年	NIPPONIA 事業を全国 31 地域に展開、MBS メディアホールディングス、シナジーマーケティング株式会社と資本提携
2023 年	資本金 1 億円に（資本準備金含む） 31 地域、162 棟（宿泊施設の他、飲食店等も含む）、220 室

（資料：山口稔之（2021）「観光における新しい宿泊形態としての分散型ホテルの可能性」『都市経営研究』）および株式会社 NOTE 会社概要（2023 年 11 月 ver.3.1）を参考に筆者作成）

一方、2005年には、酒井隆明氏（兵庫県議会議員）が敷地面積約100坪の町家を1千万円で購入し、一般社団法人 ap bank による融資を受け町家の改修を開始し、2007年には、丹波篠山古民家再生プロジェクトは完成した。改修を終えた町家は、複数の不動産会社に仲介を依頼し売却した。売却額の総額は2230万円であり、古民家を不動産市場に安価で流通させうることを実証した。

2007年には、丹波篠山市長選挙で酒井隆明氏が当選し、金野幸雄氏は副市長に就任した。2年後の2009年に丹波篠山市は篠山再生計画（まちづくり編）を策定した。また同時に一般社団法人ノオトが創業した。一般社団法人ノオトは丸山集落の7戸ある空き家のうち、3戸の空き家の所有者と賃貸借契約を結び、2009年より改修工事を開始した。また集落の全世帯主と空き家の所有者が理事となるNPO法人集落丸山を設立するとともに、一般社団法人ノオトと連携し集落の維持管理を事業内容とした有限責任事業組合LLP丸山プロジェクトを設立した。これにより「集落丸山」は開業にいたった。

丸山集落（出典：丸山集落ホームページ）

●国が規制緩和、法律改正、補助金により新ビジネス領域を開拓

その後、一般社団法人ノオトは町なかに残っていた古民家を趣をそのままに改修し町なかに客室が点在する「分散型ホテル」を構想した。その障害となっていた旅館のフロントの設置基準の緩和を兵庫県の国家戦略特別区域申請（2015〜2017年）により「古民家等の歴史的建造物に関する旅館業法の適用除外」の特例措置として実現し、城下町全体を一つのホテルとする分散型ホテル・篠山城下町ホテルNIPPONIAが2015年に誕生した。その後、旅館業法の法律改正により、「分散型ホテル」「1棟貸し」モデルが全国で実現可能となった。国土交通省は、こうした経緯を踏まえ、2019年に社会資本整備総合交付金事業のなかに空き家再生等推進事業（活用事業タイプ）を位置づけ、古民家改修の補助金を付けた。

またこの機会に乗じて一般社団法人ノオトは、2016年に株式会社NOTEへと組織変更を図った。株式会社へと組織変更した翌年の2017年には、JR西日本グループと資本提携を行い、2022年にはMBSメディアホールディングス、シナジーマーケティング株式会社と資本提携を果たす。こうした大企業からの投資を得て、2019年にはNIPPONIA事業を全国10地域に展開し、2022年には全国31地域に展開した。2023年現在においては、資本金1億円（資本準備金含む）、31地域、162棟（宿泊施設の他飲食店等も含む）、220室を統括する企業へと成長している。

まさに国の規制緩和、法律改正、補助金支援により、新しいビジネス領域を開拓した好事例と言

える。

●NIPPONIAが示す投資と経営の分離（サブリース）

ＮＩＰＰＯＮＩＡには、古民家を活用した系列のホテルが全国に31か所ある。株式会社ＮＯＴＥの会社概要（２０２３年11月ver.3.1）によると、まちづくり開発会社を創設し、そこに建物所有者、自治体、地域団体・事業者、金融機関が入り、店舗・宿泊施設・体験ツアー等の事業者が入る構成となっている。またこの全体を外部者である株式会社ＮＯＴＥが支援することとなっている。ＮＩＰＰＯＮＩＡ出雲平田木綿街道、ＮＩＰＰＯＮＩＡ出雲大社門前町の二つの古民家ホテルの店舗・宿泊施設・体験ツアー等の事業者に該当するのが迫中氏の会社である。

国や市町村の補助金や金融機関からの融資をまちづくり開発会社が受け、古民家ホテルを事業化している。株式会社ＮＯＴＥは、デベロッパーとして企画立案に参加するが、外部者としての位置づけを鮮明にしており、多くのプロジェクトにおいて融資保証はしていないものと考えられる。古民家をホテルとして再生したいと考える地方自治体や投資家がまちづくり開発会社を設立し、この会社が古民家を、融資や補助金を受けて改修する。また各ホテルには運営が専門の店舗・宿泊施設・体験ツアー等の事業者が、建物を丸ごと借り上げ、賃貸経営を一手に引き受け（サブリース）、まちづくり開発会社に対して家賃を支払う。まちづくり開発会社は運営会社から得た家賃を融資返済に充当している。

　ここでわれわれが学ばなくてはいけないのは、地域ビジネスによって集落や農地を維持することを考えるときに投資と運営会社の経営は分離できるということだ（図5・1）。

●迫中氏による経営とオペレーションの分離

　一方、迫中氏の会社の場合、店舗・宿泊施設・体験ツアー等の事業者が、経営とオペレーションの分離を図っていることにも注目すべきである。集落の住民のなかにマネージャーがおり、マネージャーが中心となり予約受付、接客サービス、顧客情報管理、インターネット等の情報発信を行っている。運営会社の代表は現地におらず、遠隔指示で事業を行っていることが分かる。

　ここでわれわれが再度学ばなくてはいけないの

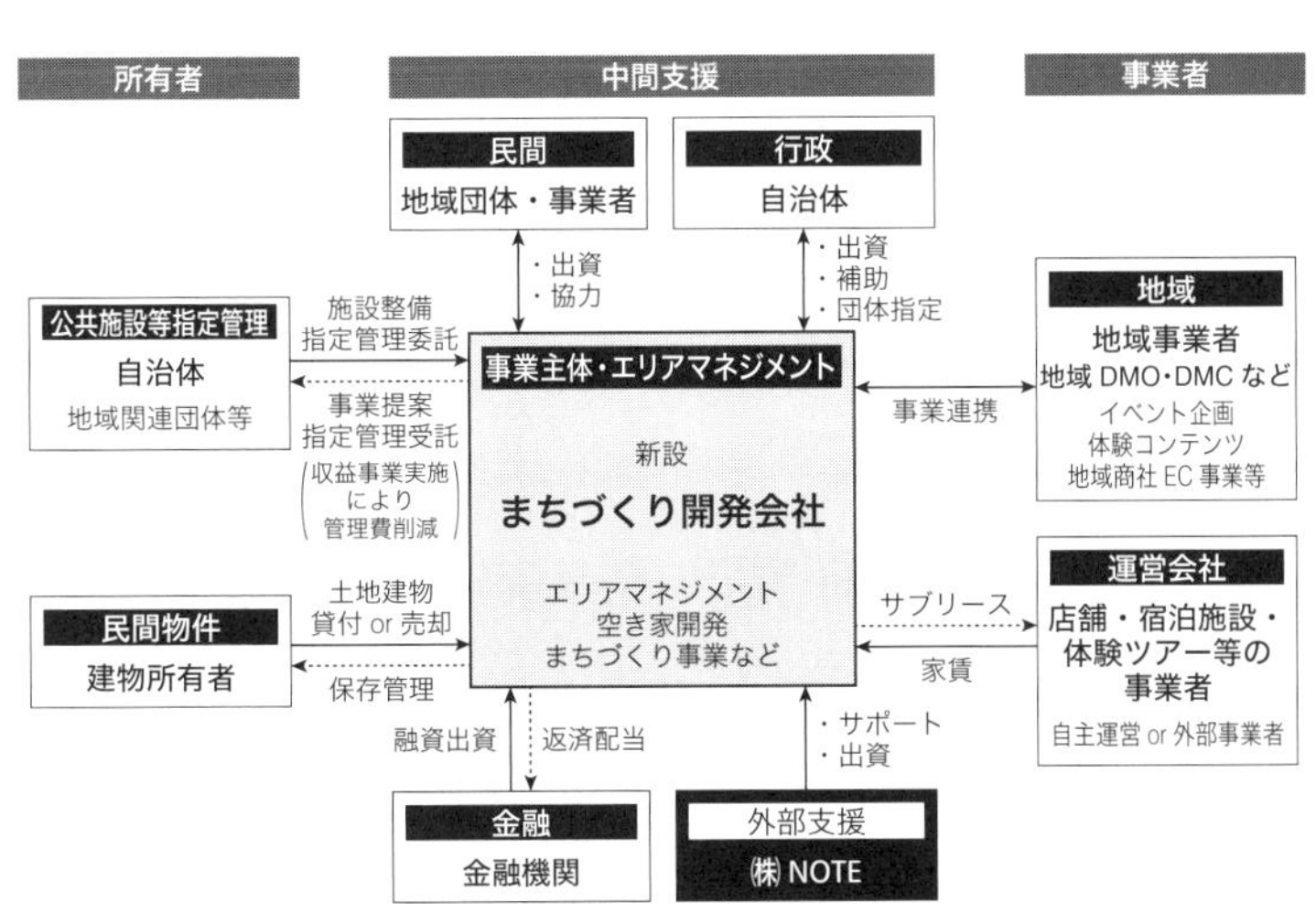

図 5・1　NIPPONIA の事業体制の構築
（資料：株式会社 NOTE 会社概要（2023 年 11 月 ver.3.1）、筆者一部加工）

は、地域ビジネスで集落や農地を維持することを考えるときに運営会社の経営とオペレーションは分離できるということだ。つまり集落にリーダーがいなくても運営会社経営者の遠隔指示で地域ビジネスは稼働できるということだ。必要な要素のみを書き出したフロー図を図5・2に示す。

⑤ ドライブインの事業再生

ドライブインの再建計画は2023年現在において、まだ確定していないが、今後のドライブイン会社の事業再建の流れを筆者が想定すると以下のとおりである（図5・3）。

ドライブイン会社は私的整理とし負債の一部と施設を特別目的会社に移行する。地域金融機関3行は地域活性化支援機構（REVI

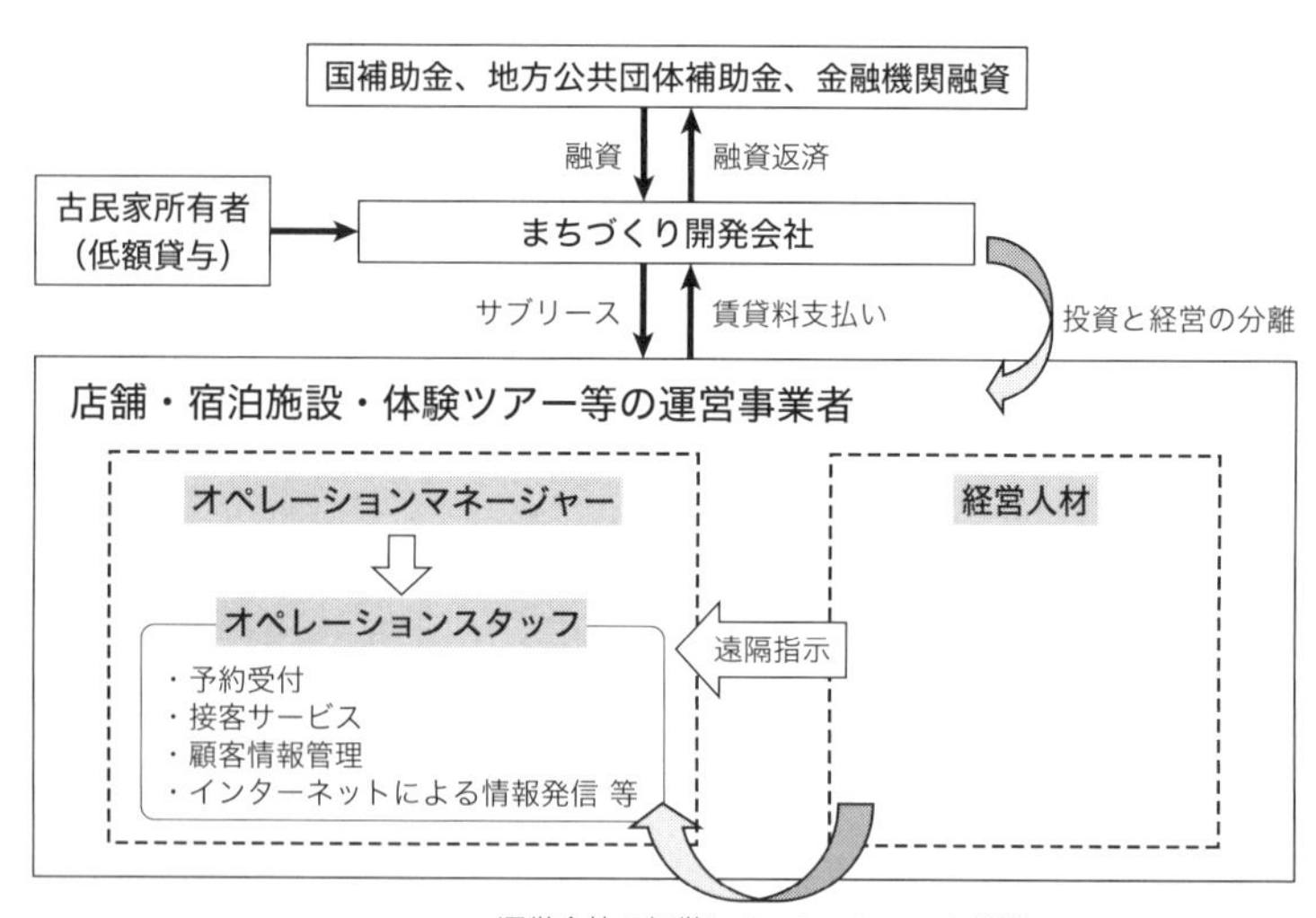

図5･2　NIPPONIA 出雲平田木綿街道、出雲大社門前町の仕組み（推定）
（資料：筆者作成）

C）とともに、運営会社が提示した再建計画と特別目的会社が作成した融資返済計画を了承し、再建計画の実施状況を共有する。運営会社がドライブインの運営を引き継ぎ、従業員の雇用は維持する。特別目的会社は、施設を運営する会社とドライブイン施設の使用に関する賃貸契約を締結する。運営会社は賃貸契約に基づき特別目的会社に賃貸料を支払う。特別目的会社は運営会社から得た賃貸料の一部を地域金融機関の融資返済に充当し支払う。

具体的には、ドライブインの運営は迫中氏の会社が行う。迫中社長の遠隔指示のもとに、従業員が継続して事業運営を行うことになる。

集落は存続危機にある。しかし、集落の長老組織がリーダーを誘致して地域ビジネスを立ち上げるならこの仕組みはむらつなぎに使

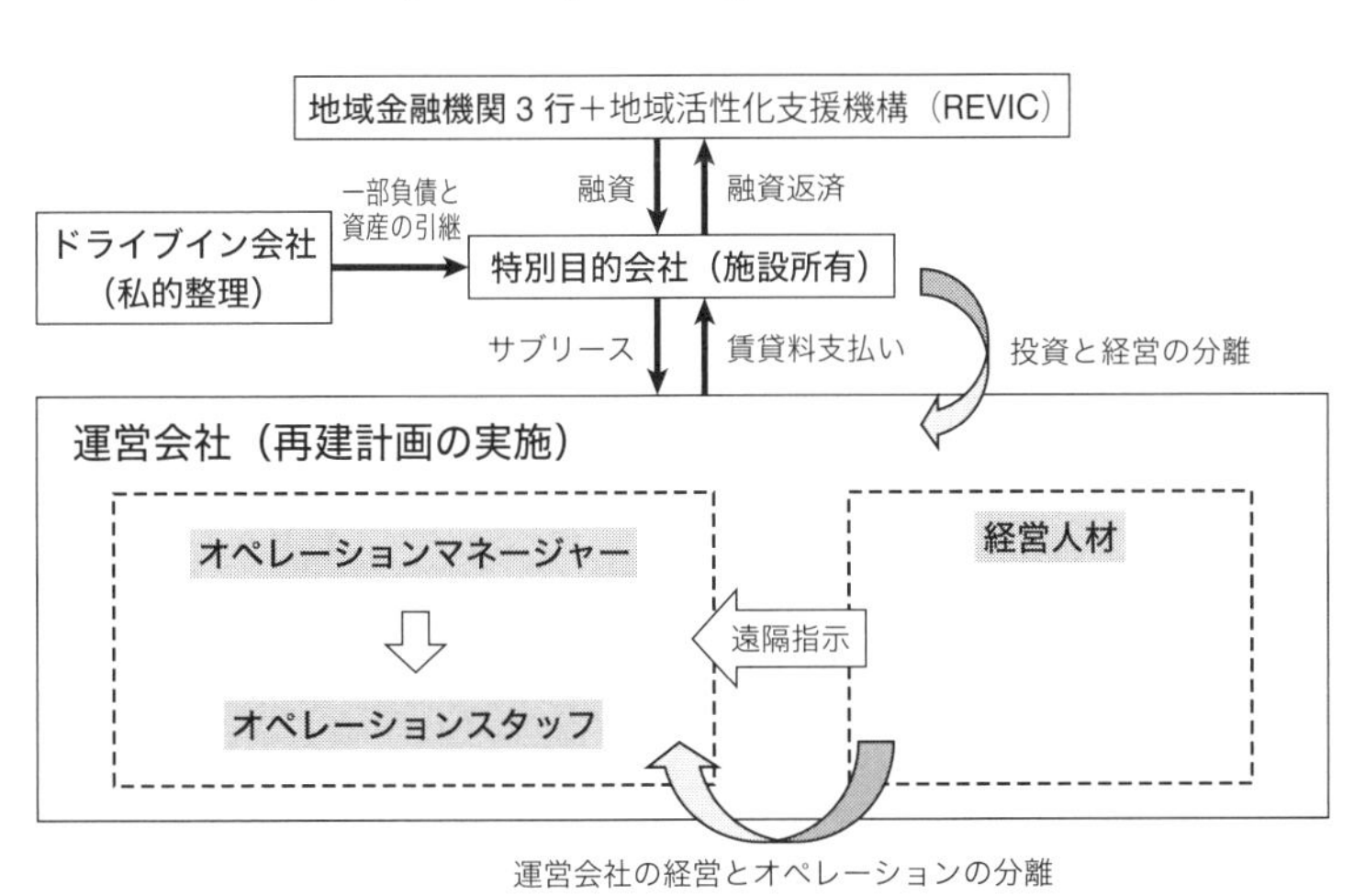

図5･3　ドライブイン会社の事業再生の仕組み（想定）（資料：筆者作成）

えるのではないか。

2 経営リーダーは外部人材でも良いのではないか

4章1節でリーダーがいない集落の住民の声を聴いた。米価が低迷する現代において、農家だけでは生きていけず、子どもは地域外に職を求めるしか選択肢はなかった。住民を動かせるリーダーが町内に存在しなかった。農協は担当制であり、異動もあることから、地域の後継者を育成しようという意識がなかった。農協はその後、広域合併することとなり、この町だけで働くことができなかった。農協は地域ビジネスといわれるものをなにもやっていないなどを聴取したが、それは構造的な問題である。日本の多くの集落でリーダーは生まれていない。

4章2節では地域ビジネスの代表例である乳業会社のリーダーを見てきたが、組織が生き残るためにイノベーションを起こせるリーダーが必要だ。しかしこのリーダーも稀にしか誕生しない。イノベーションを起こす当事者がいないと事業の継続は難しいことを蒜山酪農農業協同組合（岡山県真庭市）、木次乳業有限会社（島根県雲南市）、旧兵庫丹但酪農農業協同組合（兵庫県丹波市）のほぼ同時期に創業した三つの乳業協同組合のイノベーションの有無で見てきた。また浜中町農業協同組合（北海道浜中町）は衰退と発展の分かれ目にある。反対を押し切り実現できるリーダーは稀有である。リーダー格の酪農後継者は忙しすぎてイノベーションを起こす時間すらない。外部から冷静に見ている新規就農者は、組織は維持されているだけでアップデートされていないと問題点を指摘していた。

木次乳業にはイノベーションを理念として引き継ぐ木次乳業の新リーダーがいた。リーダーは育てられる。しかし実に大変な過程が存在する。イノベーションを決断できる地域ビジネスのリーダーはどこにいるのか。地域内にリーダーがほぼいないと言って良いのではないか。

集落にリーダーがいない。集落に地域ビジネスの資金もない。しかし福井県池田町区長会が移住者に向けて発表した「池田暮らしの七か条」を見れば分かるとおり、集落の長老たちは移住者に地域社会の尊重を望んでいる。深読みすれば地域ビジネスによる継承を望んでいるのではないか。その地域ビジネスとはカフェやＩＴ技術を活用した仕事などではない。移住者個人が生きていける生業ではなく、集落を支えてきた生業の延長線上にあるものだ。

ならば集落は地域ビジネスによるむらつなぎをどうして考えないのだろうか。地域ビジネスを集落存続のために活用するのであれば、その鍵は「投資と経営の分離」と「運営会社の経営とオペレーションの分離」である。ＮＩＰＰＯＮＩＡのビジネスモデルを、われわれは見てきた。リーダーが不在の集落でも運営会社の経営とオペレーションの分離により、農地・農村の維持という地域ビジネスは成立する。もちろん外部から経営人材を招聘し、定住・専念してもらえるなら、より安心感があるだろうが、優秀な経営人材を占有できるほどの事業規模がないことも多い。

一方、新しいビジネスモデルを考え、テストし、各所に展開したいリーダーは、若い中小企業経営者のなかにいる。まずはここをつなげて考えてみてはどうか。

3　弱いつながりの組織をつくれ

[1] 歩き遍路は知の探究

筆者は、ドライブインの経営危機を前に大阪のIT会社会長から、迫中氏を紹介された。彼らは、どうしてドライブイン事業の継承に対して、適任者を探すことができて、しかも事業への参画を即答できたのか。それは彼らがいつも人と人をつなげイノベーションを起こして生きてきたからだ。

迫中氏と会社経営の情報交換を行う彼らは、7人の集まりである。古民家ホテルを地方で経営する迫中氏、コンサルタント会社の経営者、トレーニング機器製造会社の社長、IT会社の経営者、投資家などで構成されている。

彼らは知り合ってから20年は経つが、みなそこそこ成功してきたと彼らの一人が話す。しかし、このグループの構成メンバーは仕事上の取引を行ってはいない。何を行っているのかと言えば、毎月1回は四国に渡り、1泊2日の時間をかけて遍路道をともに歩いているのだという。88か所の寺を巡るのに3年半から4年はかかるのだそうだ。20年間も続けてきたので、すでに四国を5周も回っているのではないかと迫中氏は言う。歩くと、当然会社経営の話になる。会社経営には継続的なイノベーションが必要であることを彼らは十分承知しており、会話のやり取りのなかで経営判断に必要な情報や助言を求めてきた。それが、彼らが数々のイノベーションを起こすことに成功してきた要因である。

集落の長老にも机を囲み話すのではなく、歩きながら話すことをお勧めする。カーネギー学派のマーチ（March）が、知の探究は「サーチ」「変化」「リスク・テイキング」「実験」「遊び」「柔軟性」「発見」「イノベーション」といった言葉で捉えられるものを内包すると述べている（入山、2019）。まさに歩き遍路で交わされる会話は、知の探究なのだ。集落の存続に向け、歩きながらの知の探究を行ってみてはどうだろうか。

遍路道を歩き続ける中小企業の経営者たち

②弱いつながりの強さ

社会学者のマーク・グラノヴェッター（Mark Granovetter）の「弱いつながりの強さ」理論は固い結束の長老組織にとって考慮すべき理論である。弱いつながりは今、日本に求められている変化やイノベーションを促進するうえで決定的に重要だと経営学者の入山章栄氏が『世界標準の経営理論』（2019）のなかで力説している。ムラ社会しかり、大企業しかり、大学しかり。多くの組織が、固い結束のなかで身動きが取れないなか、速い判断ができずに行き詰まっている。遠くから多様な情報が、速く、効率的に流れてくる。その結果、弱いつながりを持つ人は幅広い知と知を組み合わせて、新しい知を生みだせるとも同氏は書いている。

遍路道を歩き続ける中小企業の経営者たちがチャンスを逃さず、イノベーションを起こせるのは7人が毎月歩きながら、経営判断に関する意見を聞いて決断しているからである。そして、彼らはスーパーマンでは決してない。地域の現場にいる40代、50代の中小企業の経営者たちだ。リーダーのいない集落こそ、固い結束の長老組織を解き、彼らを入れた組織をつくってみてはどうか。そこから地域ビジネスを考えてみてはどうか。

第6章 土地利用型地域ビジネスの実践・計画例

1 土地利用型地域ビジネスとは

1 多岐にわたる土地利用型地域ビジネス

土地利用型農業という用語は一般的に確立している。土地利用型農業とは、土地に依存して大規模に生産される農業生産方式のことであり、米、大豆・小麦などの穀物、野菜、飼料などの生産を行う農業が該当する。また土地利用型畜産という用語も一般的に使われており、肉用牛繁殖農業や略農業の放牧が該当する。土地利用型地域ビジネスという用語はないが、土地利用維持という目的のために適正規模の農家が集まり、社会的価値を市場価値に変換する地域ビジネスであると定義する。

酪農家を支える乳業会社が土地利用型地域ビジネスの代表例である。ただし、土地利用型地域ビジネスは、肉用牛繁殖農業や酪農業、米や大豆・小豆などの穀物、野菜を原料とした商品の加工ビジネスに限定するものではない。土地利用維持に貢献するすべての地域ビジネスが対象だ。農業と並行して農地で収益を高めるソーラーシェアリング、スキー場やゴルフ場、農業参入者を受け入れるための賃貸住宅、農業プログラムに参加する人たちを受け入れるためのホテル、地域支援型農業（CSA）の運営、地域人材の育成などに使われる教育施設、農福連携で活用される施設、水田から牧草地や果樹栽培へ作物転換を図るための土木事業や果実栽培に必要な棚の整備など多岐にわたる。

土地利用型地域ビジネスには投資が必要である。筆者がここでいう投資とは、緊縮財政の名のもとに、地域において30年間にわたり行われてこなかった土木工事、建築工事、設備工事などのハード事業のことである。公共事業はバブル崩壊時の景気回復に寄与できなかった。もっとソフト事業に投資すべきであるとの反論が聞こえてきそうであるが、地方においてはハード事業の投資を契機にソフトで生きる日本の姿が見えてくると反論したい。

しかし、大企業の投資により、利益が外部へ流出するような構造を許容してはならない。土地利用型地域ビジネスへの投資は、内発的発展の範疇にあるべきものである。このため、大企業ではなく、国が投資すべきであると考えている。これらの検証は本書の後半で詳しく述べる。また、上記の土木工事、建築工事、設備工事を総称して「設備投資」と称することとする。本書で事例を紹介するが、その多くが建築投資に重きをおかず、空き家などを改築し、設備へ集中して投資していることが伺えるためである。

なお、本書では土地利用型地域ビジネスをジョイントと称する。これは、木次乳業の創業者である佐藤忠吉氏の「30戸あまりの農家から生乳を集めている。なるべく規模を拡大しないようお願いしている。我々乳業メーカーはジョイントに過ぎない。あくまで独立自営農家を育てるのが仕事だ」（森まゆみ、２００７）との発言に由来している。

土地利用型地域ビジネスは同じ業態や同じ作物を生産する適正規模の農家を構成員とする。一つの集落や市町村を単位とする地域に限るものではなく、連続する空間を有する広域での集積を図る。

広域でサツマイモを植えるのであればスウィーツ工場を、ぶどうを集積して植えるのであればワインビネガー醸造所を、乳牛を放牧するのであればチーズ工場を、肉用牛を放牧するのであれば受精卵ビジネスや和牛肉輸出会社を起業する。それも、外部からの経営者の参加を得て、農家が土

乳牛の放牧（北海道）

地利用型地域ビジネスに参入するイメージだ。ぶどう栽培でワイナリー、乳牛放牧で乳業会社と言わなかったのは、全国に競合他社が多く存在する業種だからだ。参入する分野の立ち位置を広域で議論し、投資を得て事業化してみてはどうか。

② 前提としての放牧の基礎知識

肉用牛繁殖農家と肉用牛肥育農家の役割と生産の流れを説明する。肉用牛繁殖農家は文字どおり、子牛を繁殖させ9か月間飼養し、セリ市で子牛を販売することが仕事である。肥育農家はセリ市で子牛を購入し、20か月間、牛を太らせ、食肉センターに出荷することが仕事である。繁殖農家は、受精卵の体外受精技術を使い、乳牛の胎内に移殖（借り腹）することにより、肉用牛の子牛を生む。これを酪肉連携という。生まれた子牛は繁殖農家が引き取り、離乳前飼養（4か月）と離乳後飼養（5か月）を行い、その後セリ市に出品する。この牛をセリ市で落札するのが肥育農家である。

肥育農家の飼養は前期、中期、後期に分けられる。稲わらを中心に食餌が供給されるため、米農家との耕畜連携が重要である。成牛は食肉センターによって牛肉となり、食肉卸に販売される（図6・1）。

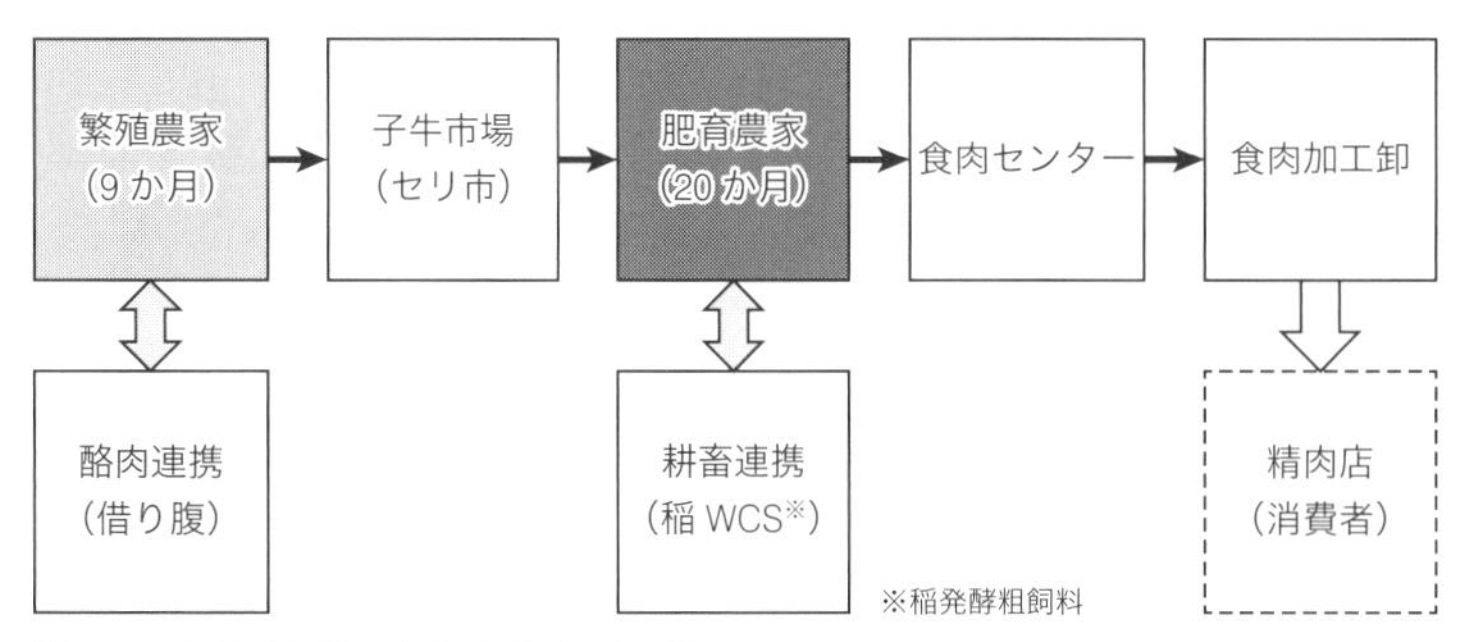

図 6･1　和牛生産から食肉化までの流れ（資料：筆者作成）

伝統的な繁殖農家は牛を敷地内で飼養する（鳥取県）

繁殖農家（鳥取県、離乳後子牛の飼養）

水田で束ねられる飼料稲（福島県）

繁殖農家から子牛を購入し飼養する肥育農家（滋賀県）

2　土佐あかうし牧場クラスター——適正規模農家の誘致

（高知県嶺北地域・提案）

・適正規模農家の誘致によるあかうし牧場の集積化
・放牧が生む景観の観光ライン化
・母牛（ドナー牛）の共同飼養、受精卵の共同生産、離乳前子牛の共同飼養、牧草の共同栽培による適正規模農家の労働の軽減
・牧場適地10か所で100haの農地維持が可能

1　牧場クラスター化による粗放農業

限界集落を定義した大野晃の研究『山村環境社会学序説』（2005）の舞台の一つに高知県嶺北地域がある。この地域は、高知県の山間部にあり、吉野川の最上流の早明浦（さめうら）ダムがあることで有名である。この地域には大豊町、本山町、土佐町、大川村の3町1村があるが、とくに大豊町は人口の50％が高齢者となる限界自治体に日本で最初になった町として有名である。また他の町村も高齢化率40％台まで進行している。

一方、粗放農業の候補者として1章で紹介した大島渉氏が住むのも嶺北地域である。高知県は、土佐あかうしの産地であり、大島氏は、土佐あかうしの繁殖農家を経営している。土佐あかうしにはサシといわれる霜降りが入りすぎない赤身肉が特徴で、健康ブームのなかで注目を浴びている。しかし飼養頭数が少なくブランドとして確立しているとは言えない。

嶺北地域は、人口減少のなかで耕作放棄地が増加する可能性が高く、土佐あかうしによる粗放農業の実現性が高い地域と言える。

また嶺北地域は、食味コンテストで日本一を2回受賞した「土佐天空の郷米」を生産する日本有数の棚田米の産地である。この棚田群の景観は素晴らしく、米作りによる棚田の維持は重要であり、放牧地造成のため壊してはならない。耕畜連携を積極的に図っていくことが重要である。

集落の飲料に供する水源域を侵食せずに放牧が行える牧場適地は多い。このため嶺北地域は牧場適地を戦略的に集積することによって、牧場クラスターを形成できるポテンシャルを持っていると言える。

②土佐あかうしの牧場適地の抽出と集積化

土佐あかうしによる粗放農業に向け、高知県や嶺北地域の4町村が行うべきことは、水利権の調整や土地の集約化である。これにより里山や農地を10ha程度の牧場適地として生みだすことができる。抽出された牧場適地で山地放牧の新規参入者を募集する。粗放農業に応じる若者は多いはずだ。

限界集落化は地域ビジネスによるむらつなぎのチャンスとも捉えられる。土佐あかうし牧場クラスターとも言える産地形成が可能であるだけではなく、放牧が生む景観は沿道や流域の観光ライン化にも寄与できる。適正規模の牧場への新規就農者の誘致、土佐あかうしのブランド化、血統改良、放牧景観の観光化などへのイノベーション投資と政策が重要な鍵となる。

③ 集積による分業化

農地の粗放農業の広域的な集積は、農地の広域的な維持につながる政策である。このような戦略的な人材誘致は広域の地方自治体が連携し、道府県と共同して募集を行うことが望ましい。

牧場クラスターとなれば、機能を一定の数量に束ねることができるため、工程分業が可能となる。母牛（ドナー牛）の共同飼養、受精卵の共同生産、離乳前子牛の共同飼養、牧草の共同栽培などの地

あかうしの放牧場は観光ポテンシャルを持っている
（高知県嶺北地域、吉野川上流域）

域ビジネスを誕生させることができる。共同化や分業化により農家労働の負担軽減につなげることも可能となる。図6・2に粗放農業の牧場集積モデルを示す。

筆者が、地方創生事業などを活用して行ってきた土地利用型地域ビジネスを中心に具体的事例を以降の節で示す。受精卵ビジネスの背後には粗放農業がある。大豆ミートビジネスの背後には大豆の粗放栽培が存在する。米焼酎ビジネスの背後には水田がある。ほぼすべてが進行中でゴールにたどりついておらず、絵に描いた餅とも限らないが、本書においては、議論のたたき台として示すものである。

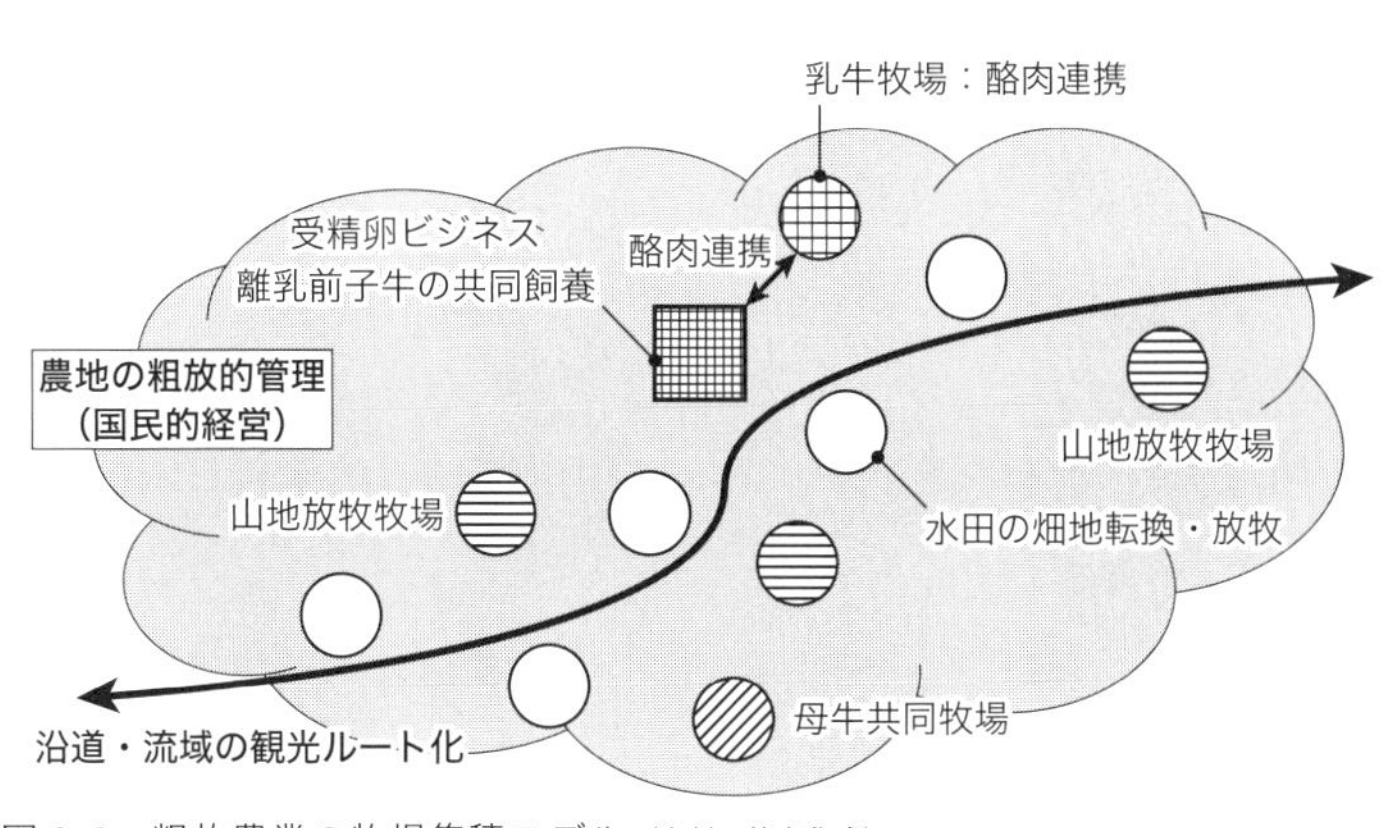

図6・2　粗放農業の牧場集積モデル（資料：筆者作成）

3　受精卵ビジネス ― 遠隔地からのリーダーの招聘（鳥取県江府町・計画）

・受精卵作成技術が格段に進歩
・リーダー不在の地域に遠隔地から専門的な知見を有するリーダーを招聘
・受精卵ビジネスは年商1億円を稼ぎ、125haの農地での粗放農業が可能

1 受精卵ビジネスとは何か

●白鵬85－3の登場

全国和牛能力共進会は、全国和牛登録協会が主催する品評会である。5年に一度、全国を巡回して開催する和牛のオリンピックといわれている。道府県は良血統を持つ雌牛と門外（県外）不出の雄牛の精子をかけ合わせ、子牛を生産し、その牛が持つ性能で日本一を競っている。鳥取県は雄牛である白鵬85－3の誕生により躍進した。2017年に宮城県で開催された第11回全国和牛能力共進会で全国の繁殖農家が注目する第7区の総合評価群で白鵬85－3の子が優等賞2席となった。このなかで肉牛群順位1位となったことがその後の取引価格の上昇につながった。

2010年に誕生した白鵬85－3と百合白清2（兄弟）の血統を持つ肉牛は2015年に市場に出回り始め、2016年の検定成績がよく注目されていた。また、前記のように全国和牛能力共進会でも鳥取和牛が評判どおりに肉質日本一となったことから火がつき、全国一の高値の雌牛を販売する県になった。

雄牛は去勢され肉用牛として取引されるが、雌牛は血統を保持したまま、ドナー牛として県外に販売できる。高値で売られた雌牛は、各道府県が所有する雄の精子とかけ合わせ血統改良に使われる。この血統改良に使われる雌牛の高騰は異例なことだ。それまで評価が同じといわれてきた中国5県の雌牛の取引価格の推移を見ると、2015年には60万円台と同程度であったものが、85－3が登場するやいなや鳥取県の取引価格が一気に90万円を越えた。

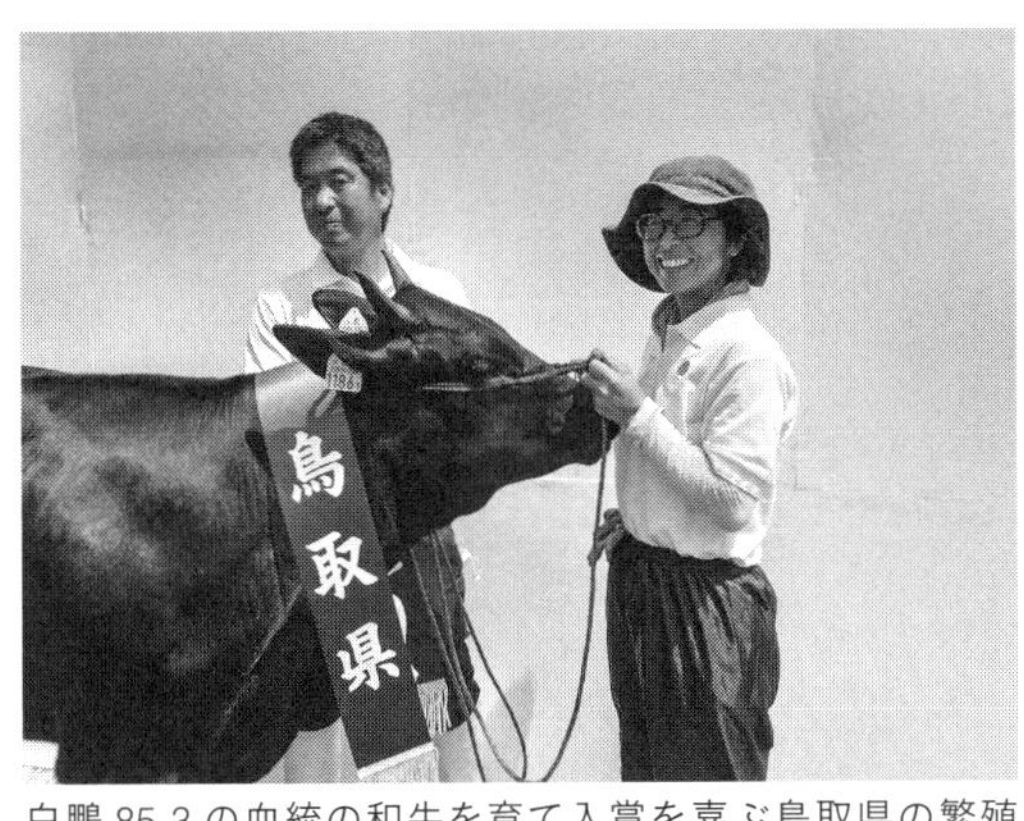

白鵬 85-3 の血統の和牛を育て入賞を喜ぶ鳥取県の繁殖農家（和牛能力共進会鳥取県最終予選）

●経膣採卵技術（OPU）の発展で誕生した受精卵ビジネス

近年、経膣採卵技術（OPU：Ovum pick up）の発達により、血統改良が大きく発達した。OPUは超音波診断装置により、映像で卵巣を観察しながらドナー牛の卵巣に細い管を挿入し、卵子を吸引する技術である。採取した卵子は洗浄し、特殊溶液に浸すとともに、精子を投入し、受精卵を作成するものである。

雌牛が妊娠し子どもを生むまで1年半は必要であり、雌牛が一生のうちに産出する子牛は7頭程度であったが、OPU技術で得た受精卵を乳牛の借り腹で成長させることで年間36頭程度の子牛を生産できるようになる。加えて10年間にわたり卵子を吸引できるとすると、1頭のドナー牛で360頭の子牛の生産につながる。乳牛に移殖することでドナー牛の出産という負担を下げるだけではなく、繁殖農家は妊娠した雌牛の飼養をする必要がなくなり、労働の軽減を図れるなどのメリットが大きい。

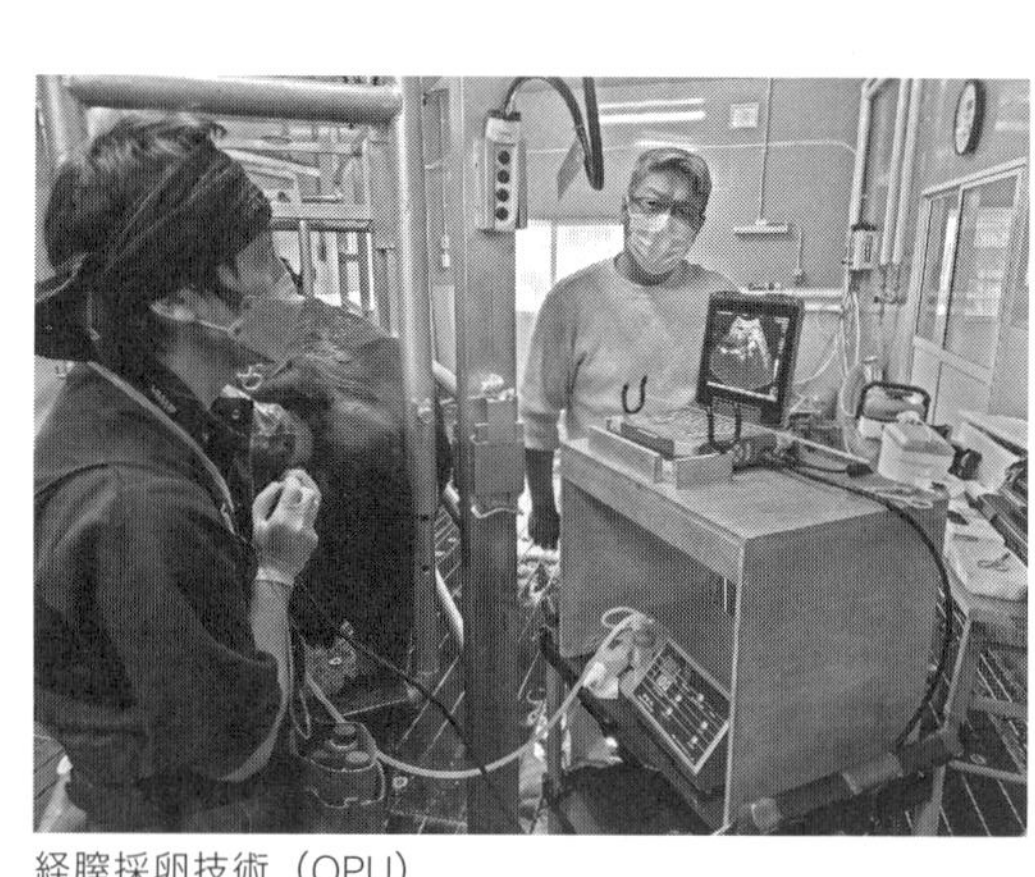

経膣採卵技術（OPU）

2 北海道から経営人材を招聘

鳥取県の繁殖農家は北海道で受精卵ビジネスを展開する武隈英和氏（47歳）に声をかけ、鳥取県の血統優位の種牛の精子をかけ合わせた受精卵ビジネスへの参入を考えた。武隈氏は、みやぎ総合家畜市場で開催された和牛の子牛市場で、宮城県の後継牛となる雄牛の妹牛を同市場過去最高額の719万1800円で落札した。また鳥取県中央家畜市場では848万3200円の高値でセリ落と

武隈英和氏（北海道豊頃町、株式会社武隈ブリーディングファーム代表取締役）

左から受精卵ビジネスに参入計画を協議した獣医木嶋泰洋氏（鳥取県）、武隈英和氏、岩渕義徳氏（千葉県、株式会社マルニトータルサービス代表取締役）

し周囲を驚かせた。これは鳥取和牛を支える白鵬85－3の子と優良血統を持つ母親の子であるためだ。こうした良血統の雌牛を購入し、北海道内を中心に受精卵を販売している。

最先端の採卵技術を駆使した〝武隈の受精卵〟は繁殖業界でブランド化し始めている。そこで前述のように鳥取県のプロジェクトでは武隈氏を社長として招聘して事業を進めている。子牛の販路開拓のため日本最大年商70億円の子牛商の岩渕義徳氏にも声をかけ、受精卵、子牛生産、子牛共同飼養、販売という流れをつくる計画を立案した（表6・1）。

表6・1　受精卵ビジネスの単価と年商

項目	数量	単位
ドナー牛飼養頭数	20	頭
1回当たりドナー牛頭数	10	頭／回
1か月にドナー牛からの採卵回数	2	回／月
1回当たり採卵頭数	10	頭／回
OPU 発生率	30	%
1頭当たり吸引採卵数	30	卵／回・頭
1頭当たり受精卵数	9	卵／回・頭
1回当たり受精卵生産量	90	卵／回
年間受精卵採取回数	24	回／年
年間受精卵生産量	2,160	卵／年
受精卵単価	5万	円／個
受精卵売上	1億800万	円／年

（資料：筆者作成）

4　子牛放牧ビジネス――地域商社と牧草栽培農家の連携

（福島県いわき市・計画）

- 福島県原発被災地周辺の地域の農業は壊滅的な被害を受け耕作放棄地が急増
- 耕作放棄地を束ね、農地の放牧的管理ビジネスを計画
- 乳牛に和牛の受精卵を移殖する酪農家が増え、和子牛ヌレ子（生後間もない牛、平均21日齢）は購入可能
- 子牛飼養に着目
- 牛の動産担保融資（ABL）と預託制度を使い金融商品化
- 40頭の離乳前子牛のビニールハウスでの飼養拠点の整備と離乳後子牛の水田放牧
- 40頭の放牧で10haの放牧地の維持が可能

1 牧草を栽培する農家と地域商社との協議

筆者は、２０１５年に開催されたいわき市合併50周年、フラガール50周年の観光イベント事業「サンシャイン博覧会」プロジェクトの基本計画を担当したが、プロジェクトのメンバーとして活躍

50haの牧草を栽培する草野氏の重機

草野畜産草野純一氏（左）といわきユナイト代表取締役植松謙氏（右）

したのが植松謙氏（49歳）だ。植松氏はそのままいわき市で地域商社であるいわきユナイトを創設し代表取締役に就任した。その後、会社は8年目を迎え、植松氏から新たなイノベーションへ向けた相談を受けた。

筆者は、福島県原発被災地周辺の地域の農業は壊滅的な被害を受け耕作放棄地が急増していることから、六次産業化の延長線上でイノベーションを起こすのではなく、競合相手がいない分野である粗放農業のポテンシャルに注目すべきではないかと話した。

そこで植松氏から紹介されたのが、草野畜産の草野純一氏（49歳）である。草野氏は福島県いわき市のなかで最も若い繁殖農家である。飼養頭数は30頭程度であるが、50haの耕作放棄された農地で牧草や飼料稲を栽培し、販売することで注目される存在である。草野氏からは、いわき市内から1

時間圏内に福島県酪農業協同組合が事業主体となる浪江町復興牧場が2025年度（令和7年度）から稼働することや、これも1時間で到達できる田村市でも同様のプロジェクトが動いているため、酪肉連携が可能だとの情報を得た。つまり乳牛の母胎を活用した和子牛の生産も盛んとなるのではないかとのことだ。このため、ヌレ子（誕生間もない子牛）を購入し、和子牛を飼養する放牧ビジネスはこの地域にとって有望ではないかとの話となった。

② 子牛の放牧

乳牛の胎内に和牛の受精卵を移殖し、和子牛を生産し販売する酪農家が増えている。酪農家は子牛を生むことにより、母牛が生産する生乳が欲しいだけであり、子牛は高く売れれば良いものの、あまり関心がないのが実態である。このため、酪農地帯で和子牛ヌレ子の購入が可能となってきた。

一方、和子牛のヌレ子を購入する繁殖農家側から見ると、母牛を妊娠させ、子牛を生産するという繁殖の作業が不要となってきた。ヌレ子は授乳が必要な4か月間と離乳後の5か月間の放牧の合計9か月間の飼養をへてセリ市に出荷される。この9か月間で子牛は大きく成長し、セリ市をとおして肥育農家へと引き取られる。繁殖農家の業務を管理し、水田の耕作放棄地を活用して、山口型放牧を行うことが子牛放牧ビジネスの全体像である。

計画では耕作放棄された水田において、離乳前子牛を飼養するビニールハウスを建設する。このビニールハウス内に子牛のブースを設置し、子牛へ哺乳する。ビニールハウスに哺乳ブースが20個程度あれば、冬期間の2月に20頭、3月に20頭を哺乳でき、ここまでは、1反（0.1ha）程度の離乳前子牛の水田放牧モデルでの飼養が可能だ。

離乳後子牛は4月以降に水田で昼夜放牧する。40頭程度を飼養し、年末の10月、11月に出荷できる。放牧だと牛がダニやアブの被害を受ける可能性がある。白血病に感染する可能性もある。消毒や検査も必要だが、病害虫による感

水田を放牧地として活用する山口型放牧、子牛の放牧も可能である（山口市）

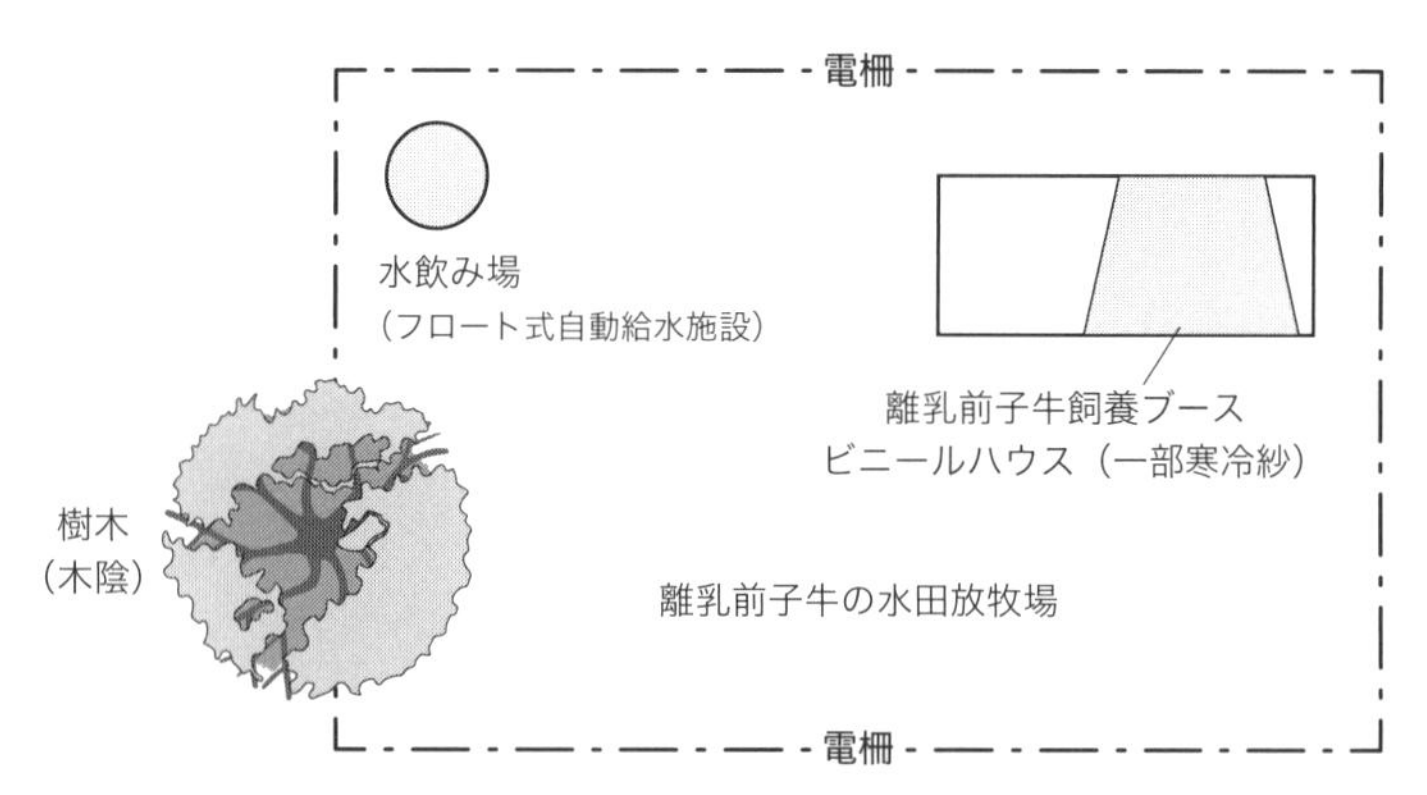

図6･3　離乳前子牛の水田放牧モデル（1反程度）（資料：筆者作成）

染防止のために牛の背骨に塗布する薬剤も開発されており、水田に繁茂する雑草だけで放牧は可能である。雑草がなくなったら、雑草が繁茂する他の耕作放棄水田に子牛を移す。酪農において盛んに行われてきたニュージーランド方式（輪換放牧）の肉用牛版である。放牧地には木陰と水飲み場の設置が必要である。フロート式の給水施設を作る。水田の周囲には電柵を設置する（図6・3）。

③ 動産担保融資（ABL）と預託制度の活用

1反の水田で離乳前子牛は40頭程度の飼養が可能である。離乳後子牛は1ha4頭を目安にすると、40頭の放牧で10haの放牧地の維持が可能となる。

子牛は5か月から9か月は一番よく育つ。セリ市に売りに出す時点で体重は300kgくらいになる。大きさや血統がよければ雌で70万円、雄で75～80万円程度で販売できる。本宮家畜市場（福島県の家畜市場）では雌でも300kgないと売れない。放牧で草だけ食べていると体重が250kg程度にしか成長できないこともある。春の牧草は栄養価が高いが、夏から秋の草は栄養価が下がる。放牧で育った牛は人に慣れていないので、市場に出すときに暴れる可能性もある。このため人間の関与は必須の条件である。

放牧で育った子牛をセリ市に出すことにより1頭当たり30万円の収入を得ると仮定すると40頭で1200万円の売上が見込める。

離乳前子牛の飼養（北海道）

和子牛はヌレ子から９か月で出荷される（鳥取県）

問題は小牛の購入資金だが、乳牛の体外受精で産まれた和子牛のヌレ子の購入には、牛という動産を担保としたＡＢＬ（Asset Based Lending）という融資制度の活用が可能である。

また預託方式により、大都市居住者の牧場への参加も考える。こうして放牧という社会的価値を実現してゆくことができる。

5　和牛肉輸出ビジネス──海外に向けたオペレーション

（滋賀県竜王町・事例研究）

- 近江商人的発想による和牛肉の海外輸出
- 海外和牛肉卸に向けたオークションを開催
- 耕畜連携により粗飼料を確保
- 肥育牛２５００頭飼養で２２０haの水田の維持が可能

1　牛を追いながら東京に売りに行った近江商人

和牛肉輸出の先頭を走る肥育農家澤井牧場の澤井隆男氏（滋賀県竜王町山之上、近江牛輸出振興共同組合理事長）に話を聞いた。

日本において肥育牛が最初に飼養されたのが近江の国の山之上（滋賀県竜王町山之上）といわれている。近江牛は４３０年の歴史がある。山之上地域一帯は尾張藩の飛び地であり、この地域で牛の飼養が行われていた。この地域は水が少なく、米を栽培することができず、小麦を栽培していた。小麦を炊いて牛の餌として活用していたところ、肉の味が増す、コクや風味が増すとの評判を得たことが伝わっており、この地域が生産される牛肉は名産として浸透していった。

江戸時代から近江地域は肥育の産地として肉の品質を高めるだけではなく、味噌漬け、ビーフジャーキー、すき焼きといった商品開発やアンテナショップとも言える販路拡大を行ってきた。市場の発見と消費を意識したイノベーションを長きにわたり積み重ねてきた歴史を持っていることが分かる。このイノベーションが実現できたのは流通に長けた近江商人の存在が大きい。

子牛は2歳になると田畑の耕作の使役（現代のトラクターや軽トラ）に利用されてきた。農家が使役のために飼養する牛を5～6歳で引き取ってきたのが近江商人である。彼らは近畿圏全域に広がり、農家の牛の更新をサポートし、使役を終えた牛を近江に持ち帰り肥育し、これを東京や京都に出荷した。まさに近江の肥育技術と近江商人の販売力が合体し、地域に利益をもたらしてきたと言える。

明治時代になると開国され多くの外国人が日本に滞在するようになる。牛肉を食べる外国人が横浜に滞在することを発見すると、近江から17～18日かけて陸路で4～5頭の牛を追い、外国人との直接取引を行う者が現れた。これにより、東海道五十三次には牛と牛追いが滞在できる「牛宿」ができるとともに、東京ではやり始めていた「牛鍋」の材料供給元としての役割を果たした。1879年（明治12年）頃には近江に家畜商が2千人いたとの記録があり、一大流通網を形成していたことが分かる。

1887年（明治20年）に東京府下のと畜数は約2万頭であった。この内訳は江州（近江）33％、摂津32%、播州11%、伊勢7%という記録がある。この肉牛の流通にも近江商人は深く関与した。つまり近江八幡駅から鉄道で運ぶ近江牛、神戸港から船で運ぶ神戸牛、四日市港から船で運ぶ松坂牛に分かれ、これが大都市東京へと流入したのだ。この結果、流通元から近江牛、神戸牛、松坂牛はブランド名としても名の通るものとなった。これが三大和牛の誕生である。

2 近江牛輸出振興協同組合

近江牛輸出振興協同組合は肥育農家4社、食肉加工卸業者5社、国内輸出会社4社の異業種の合計13社で構成されている。この組合を牽引するのが近江牛輸出振興共同組合理事長を務める澤井牧場代表取締役の澤井隆男氏である。2009年に澤井氏のもとに米国から近江牛を購入したいという注文が入った。それから米国の食肉市場はどんなところなのだろうかと興味を

表6・2　近江牛輸出振興協同組合の輸出頭数

年度	輸出頭数（頭）	輸出先
2010年	87	シンガポール・マカオ
2011年	176	シンガポール・タイ・マカオ
2012年	107	シンガポール・タイ・マカオ
2013年	131	シンガポール・タイ・マカオ・香港
2014年	204	シンガポール・タイ・香港・フィリピン・EU
2015年	147	シンガポール・タイ・香港・フィリピン・EU
2016年	163	シンガポール・タイ・香港・フィリピン
2017年	301	シンガポール・タイ・香港・フィリピン・台湾・インドネシア・マカオ・アメリカ

（資料：近江牛輸出振興協同組合）

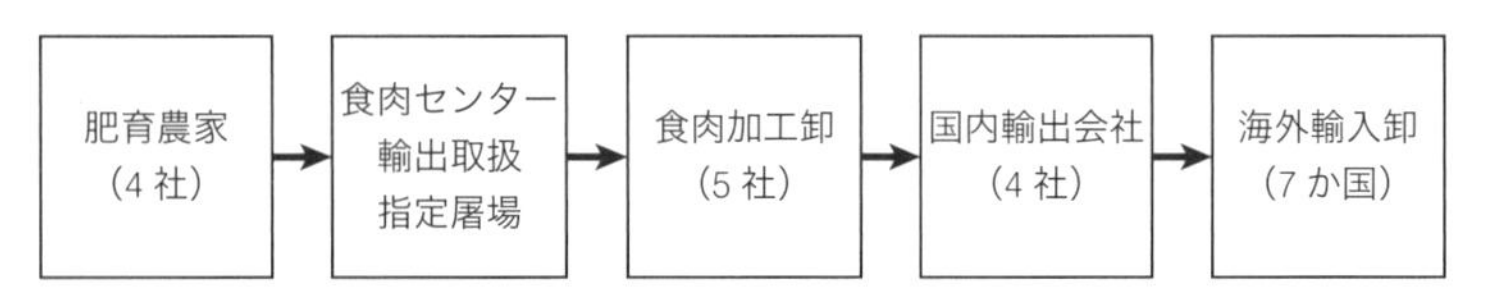

図6・4　近江牛輸出振興協同組合の肥育生産から食肉輸出までの流れ
(資料：筆者作成)

表6・3　澤井牧場が積み重ねてきたイノベーション

年月	イノベーション項目
2007年	「近江牛」生産・流通推進協議会設立
2007年	ロサンゼルス・ラスベガスへ販売開始
2009年	海外輸出認可工場（S1工場）
2009年9月	滋賀食肉センターHACCP方式の確立運用開始
2009年10月	マカオへ販売開始
2009年12月	タイへ販売開始
2010年6月	近江牛輸出振興協同組合設立
2010年9月	シンガポールへの販売開始
2010年	ベトナム・フィリピンへ販売開始
2013年	台湾・インドネシアへ販売開始
2017年	オーストラリアへ販売開始

(資料：澤井氏講演資料より筆者作成)

澤井隆男氏（滋賀県竜王町、近江牛輸出振興共同組合理事長）、
澤井牧場は農場HACCP、JGAP、ハラール認証を取得

抱いた。その後、ニューヨークに通勤する人たちや東洋人が多く住むニュージャージー州のスーパーマーケットでプレゼンする機会を得た。澤井氏が肉を切り、夫人が焼肉を焼いた。

帰国にあたってプレゼンの機会をつくってくれた仲間たち6人でニューヨークの寿司屋MASAに行った。当時、ミシュランで三つ星を獲得していた店は4軒あり、そのうち3軒がフランス料理店であり、1軒が寿司屋のMASAだった。近江牛の肉がほんの少し乗る寿司を食べた。食べ終わり、友人にいくらかかったかと聞いたところ、15万円だという。それも一人の値段であり、6人で90万円支払ったとのことだ。聞けばこの寿司屋にはウォール街の金持ちや芸能人が訪れる。ステータスを感じるためにやってくると言うのだ。世界はすごい。この話には感動したと澤井氏は話す。また近江牛はこういうところに売らなければならないと思い輸出の事業協同組合をつくったとのことだ。まさに澤井氏は東京という未開拓な市場に牛を4～5頭追いながら運んだ近江商人の血が流れているとこの話を聞きながら思った（表6・2、3、図6・4）。

③ 近江牛特別オークション

近江牛輸出振興協同組合は近江八幡市で近江牛輸出拡大のため、海外のバイヤーを集め、セリを開催した。近

輸出オークションポスター
（資料：近江牛輸出振興協同組合）

江八幡市の食肉センターにはシンガポール、台湾、フィリピン、タイ、ベトナム、マカオ、米国の７か国の海外バイヤーが集まり、近江牛の肉質などの研究を行うとともにセリに参加した。市場の過去最高額となる１kg当たり１万１９３６円でセリ落とされた。

④ 澤井牧場（滋賀県竜王町）

澤井牧場は肥育農家である。繁殖農家が繁殖して９か月間育成した子牛をセリで購入し、15か月飼養するのが仕事である。牧場の規模は約15haであり、年間１４００頭を出荷している。そのうち１／３の４００頭が海外に輸出されている。このため、農場ＨＡＣＣＰ、ＪＧＡＰ、ハラール認証を取得した。衛生管理、安全、安心、労働条件、環境問題への対処を前面に出し、食肉を輸出している。従業員は16名である。

肥育には肥育前期（４か月）、肥育中期（６か月）、肥育後期（５か月）の三つの工程がある。肥育前期の４か月間には牧草が粗飼料として与えられるが、その後は稲わらを給餌される。

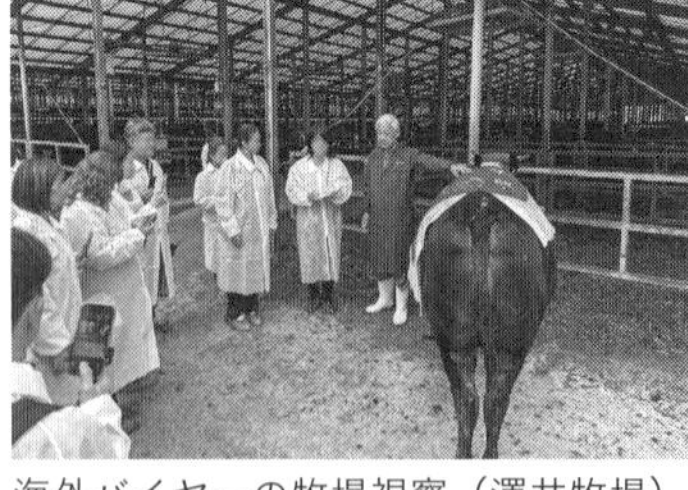
海外バイヤーの牧場視察（澤井牧場）

近江牛特別オークション

1頭当たり1日1kgの稲わらを給餌するが、稲わらは地域から耕畜連携により得ている。総飼養頭数は2500頭であり、1頭当たり1日乾燥した稲わらを1kg給餌する。1年で約900tonの乾燥した稲わらが必要である。周辺の農家では1反当たり600kg（10俵）の米を収穫できる。稲わらは1反当たり400kg収穫できる。つまり約2200反（220ha）の水田が必要である。逆に言うと食肉輸出を目指す肥育農家があると220haの水田が維持できることになる。

6　大豆ミートビジネス――ベンチャー企業の誘致

（山口県萩市・計画）

- 地域は米需要の低迷から米から大豆への転作を検討、ベンチャー企業は工場立地を検討。両者のニーズをマッチング
- 大豆ミートは主な市場が北米にあり、8割が輸出される商材
- ベジタリアン、ビーガンなどのインバウンド客が増加する大都市、観光地なども有望な市場
- 大豆の粗放農業は高齢化する農家の労働の軽減に直結
- 大豆ミート51ton製造で35haの農地の維持が可能

[1] ベンチャー企業と地方自治体をマッチング

大豆が、代替肉（大豆ミート）の原料として注目されている。世界の現在の人口は77億人となっているが、2030年には100億人に到達するといわれている。世界の人口爆発により、世界の食肉市場は200兆円まで伸びるといわれているが、逆にこれがタンパク質の供給不足を人類にもたらしかねない。これを2030年のタンパク質クライシスという。地球環境問題のなかで、メタンガス排出量の増加から、食肉産業がこのまま伸びて良いのかという議論もある。つまり、大豆ミートは食料問題と環境問題解決への寄与という社会的価値を生む有望な作物である。

大豆ミートのベンチャー企業を経営するトーフミート社の村上英雄氏（当時49歳）の存在は、全国中小企業団体中央会の委員会で知り、その後機会を得て詳しく話を聞いた。

村上氏は2014年に山口県宇部市においてシェアオフィスの会社を起業した。山口県の事業承継の担当者から、後継者のいない県内第2位の豆腐製造会社である食品会社社長（89歳）を紹介され、2017年に豆腐の作り方も分からないまま事業承継した。2019年に大豆ミート事業に注目し、情報収集を進め代替肉開発をスタートした。とくに九州ビーガンフェスというイベントがあり、その実行委員長からビーガン商品の情報を入手し、試作を繰り返してきたとのことである。

商品が完成し2020年に開催された経済産業省主催のにっぽんの宝物コンテストで2位に入賞

し、山口県初の世界大会の代表となった。さらに２０２３年にシンガポールで開催されたにっぽんの宝物世界大会２０２３で業界変革部門にて準グランプリを獲得するなど着々と実績を積んでいる。しかし資金不足もありトーフミート社の大豆ミート製品は社外の委託製造に依存しているという。また原料は萩市産の大豆を使用してきた。このため、萩市に協力を打診しようということになった。

一方、萩市は大豆への転作を考えていたが、転作の理由が見出せず、踏みとどまる状況が続いていた。大豆は転作作物として注目されているが、大豆を作り市場に流すだけでは、農家所得の向上が期待できず、産地化は進まない。農地・農村の維持を図るためには大豆を原料とした土地利用型地域ビジネスが必要であると考えていた。筆者は両者のニーズをマッチングした。

筆者は内閣府に派遣されていた地方自治体職員に連絡を取り、萩市の工業誘致担当の職員を紹介いただいた。この市には、民間会社が倒産後に、買い手がつかず未活用な工場がある。この工場を購入後に改築して工場を作れないかと検討中である。

２ 大豆ミート商品の特徴

トーフミート社が製造しているのは豆腐を原料とした代替肉である。商品はベジタリアン、ビーガンなどの食生活対応した次世代の代替肉である。豆腐のお肉「ＴＯＦＵ ＭＥＡＴ」として販売している。原料となる豆腐は１００％国産大豆で製造されており、凝固剤は塩化マグネシウムを使用している。消泡剤を使用していないのも大きな特徴である。特殊製法により一般的な大豆ミートと比較して臭い成分を90%以上カットできているのが商品の強みである。食感（噛み応え）弾力数値は2倍以上となっており、限りなく肉に近い植物肉として使用することが可能である。

一般に販売されている大豆ミートは化学調味料の使用に大きな問題があるが、豆腐原料の代替肉であるため化学調味料を使っていない。また輸入大豆はヘキサンという有機溶剤に漬けて大豆油を

トーフミート商品（業務用1kg袋）

未活用の工場

左から中路裕文氏と村上英雄氏。「にっぽんの宝物」で準グランプリを獲得（世界大会2023、シンガポール）

抽出する。これを乾燥し大豆ミートを製造している。欧米の消費者の一部は、この工程に懐疑的で、購買を敬遠し始めているが、同社の大豆ミートは国産大豆１００％で、水とにがりで作っている。

この商品の直接的なターゲットは消費者ではなく、消費者に大豆ミートを提供する業者である。北米が大きな市場であり、工場からの輸出が８割とみられる。またベジタリアン、ビーガンなどのインバウンドが来訪する国内の観光地などでの活用が考えられる。中堅の輸出商社からの出資を仰ぎ、共同事業体として事業を進めている。大豆の浸漬から凝固したいわゆる豆腐を脱水、加熱工程を加え冷凍食品として流通している。

③ 大豆畑の必要面積

大豆ミート工場で大豆ミートを生産するために初年度に必要な大豆は約50 tonである。大豆は1反当たり１５０kgを生産できる。現在、立地する予定の萩市の大豆収量は55 tonであり、そのほとんどがこの工場で原料として使われる計算になる。今後10年間で徐々に大豆ミートの生産量を増やすと、大豆必要量も耕作面積も増える。このため米から大豆への転作を進めてゆくことが求められる（表６・４）。

表 6・4　トーフミート社が必要とする原料大豆量と大豆畑の面積

	1～3年目	4～6年目	7～10年目
大豆必要（ton）	51	103	155
必要面積（ha）	35	69	104

（資料：筆者作成）

7　米焼酎ビジネス――酒造専門家を招聘

（福島県只見町・実現）

・農家が米焼酎を起業
・酒造技術者を経営リーダーとして招聘
・積極的なイノベーション
・30haの農地の維持が可能

1 若い農家が立ち上がる

福島県只見町に若い農家が酒造技術者を社長に迎え起業した合同会社ねっかという焼酎メーカーがある。名前の「ねっか」は福島県の方言で「全然」を意味し、「全然問題ない」という方言「ねっかさすけね」に由来する。同社は東北の人にもなじめるよう、日本酒のような吟醸香を持った米焼酎を製造する。この会社を設立する動機の一つが、地元の只見高校への思いだった。筆者もここに少々関わりがある。少子化で全国の高校で統廃合の動きが広がるなか、同校存続に向けた講演を2015年に行ったのだ。このなかで、高校を卒業して仕事がないから外に出る。地域で魅力ある雇用の受け皿をつくることがとても大切だと、高知県本山町で起業支援したブランド米「土佐天空の郷」の米焼酎蒸留所（合同会社ばぅむ）を紹介した。土佐天空の郷の蒸留所は２００５年の焼酎に関する規制緩和で誕生した「特産品しょうちゅう製造免許」を活用している。同免許は過去3年間において、県単位での製造量が消費量を下回っている地域において、地域特産品と認められた原料を半分以上使用することで、10kℓ以上、１００kℓ以下の製造ができる。

講演を聞いた只見町の若い農家の人たちはすぐに立ち上がった。彼らはまず同免許について調べ、やるべきと決断した。本山町や球磨焼酎で有名な熊本県人吉市の四つの蔵に視察に行き、只見らしい焼酎を造るためにはどうすればいいのかというヒントを得た。とくに減圧蒸留器で、日本酒の吟醸香を残す蒸留方法に出会ったことが大きな成果だった。常圧の蒸留器では「もろみ」に１００度近い加熱を行うため、吟醸香は残りにくいが、減圧蒸留器では25度から35度程度の低い温度で蒸留することができ、吟醸香を残すことができる。日本酒のような吟醸香を持った米焼酎は、焼酎文化のない東北の地でも受け入れられるのではないかとの確信を持ち、ねっかを設立した。蒸留所建設の総事業費5千万円の多くは県の助成を活用したが、１５００万円は自己資金で賄った。

福島で開発した清酒酵母を用いて香り高い「もろみ」を作り、その良い香り成分のみを抽出することとした。そして、原料となる米は参加した5人の農家が育てた酒造好適米の「五百万石」などを活用し、商品化につなげた。

蒸留機器の初期投資を見ると福島県只見町の合同会社ねっかが5千万円、高知県本山町の合同会社ばうむが４００万円と大きな違いがある。これは合同会社ばうむが、粒形の小さな中米の活用を目的として小規模蒸留設備を選択していることもあるが、合同会社ねっかがリスクを背負い中規模の設備投資を選択したことは称賛に値する。イノベーションを決断するリーダーが不足するなかで、リスクを背負う起業は六次産業化のなかであまり見られなかった。地域ビジネスでは大きな初期投

蒸留所は倉庫を改築して整備、機械には投資するが建物には投資しないことが肝要

リスクを背負い中型の減圧蒸留器に投資
(福島県只見町)

大きな投資リスクを背負わない小型常圧蒸留器
(高知県本山町)

資でのスタートが重要であることが分かる（表6・5）。

2 経営人材の招聘

福島県只見町の農家4人は、米焼酎の蒸留会社の社長として脇坂斉弘氏を誘致した。同氏は福島県郡山市で生まれ、大学では建築を学び建築会社で働いていた。しかし、南会津にある酒蔵「花泉」に酒造技術者として転職した。その後、酒造技術を見込まれ、只見町の農家4名とともに2016年に合同会社ねっかを立ち上げた。

また、米の収穫が終わった後に酒造りを始めている。地域ビジネスの経営人材を農家以外から求めたのは正解と言える。地域を担うという大きな使命感を持ち、意義を感じながら、雪深い只見町で夢中に働いている。これにより、只見町の30haの農地の維持に貢献している。

表6・5　米焼酎における小規模生産と中量生産の違い

項目	合同会社ばうむ（高知県）	合同会社ねっか（福島県）
設備投資額	400万円	5,000万円
1回当たり生産量	0.1 kℓ / 回	2 kℓ / 回
年間生産量	3 kℓ / 年	100 kℓ / 年
労働日数	270日	100日（農閑期の4か月）
酒造参加農家	1人	5人
販売額	1,000万円	1億円
使用原料	粒形選別後の小粒米（中米*）	有機JAS認定を受けた酒米
農地維持面積	中米使用のため農地維持に貢献しない	30 ha

＊中米とは、米として出荷されない、いわゆるグズ米のこと。　（資料：筆者作成（想定））

③イノベーションを継続している

合同会社ねっかは起業後に世界の酒コンテストに挑戦し、受賞しているが、コンテストへの挑戦自体がイノベーションだと評価できる。さらに彼ら農家でつくる「只見ブランド協議会」のメンバー6農場すべてで、日本版農業生産工程管理（ＪＧＡＰ）認証を受けた。これによりねっかで使用されるすべての米は、ＪＧＡＰ認証されたものだけとなり、より品質管理が向上する。農家が集まった蒸留所だからできる取り組みだ。

また蒸留所ならびに、日本酒の醸造所で使用する電力は、電灯も動力もすべて、電力会社の発電時にCO_2を排出しない再生可能エネルギーによる電気に切り替えた。米焼酎蒸留所にある蒸留機は化石燃料を使用したボイラーのため、蒸留自体は、CO_2フリーではないが、蒸留方法を減圧蒸留にすることによって、CO_2排出量を削減している。こうした積極的な取り組みで、会社自体のイノベーションを繰り返している（表6・6）。

脇坂斉弘氏（中央）を経営人材として招聘し農家が酒造業に参入（福島県只見町）

表 6･6　合同会社ねっかが積み重ねてきたイノベーション

項目	数量
2016 年 7 月	「合同会社ねっか」設立（酒米農家 5 名）
2016 年 8 月	「特産品しょうちゅう免許」申請
2016 年 9 月	蒸留所改築工事が始まる
2016 年 12 月	蒸溜所完成
2017 年 1 月	「特産品しょうちゅう免許」交付「米焼酎ねっか」製造開始
2017 年 2 月	初蒸留
2017 年 4 月	販売開始
2017 年 7 月	IWSC2017 シルバーメダル受賞
2018 年 4 月	ティスティングルーム OPEN
2018 年 7 月	IWSC2018 シルバーメダルダブル受賞（「ねっか」2 年連続、「ばがねっか」初出品初受賞）
2018 年 11 月	HKIWSC2018 ゴールドメダル受賞「ねっか」
2019 年 1 月	ふくしま地産地消大賞受賞
2019 年 3 月	JGAP 認証取得
2019 年 4 月	CINVE2019 最高賞受賞「ねっか」
2019 年 11 月	新しい東北復興ビジネスコンテスト大賞受賞
2020 年 2 月	第 5 回ふくしま産業賞銀賞受賞
2020 年 7 月	TWSC2020 ゴールドメダル受賞「ねっか」「ばがねっか」
2021 年 2 月	六次産業化アワード食料産業局長賞受賞
2021 年 4 月	小規模企業白書掲載
2021 年 4 月	KURAMASUTER（フランス）ねっか SpecialEdition・ばがねっか金賞受賞
2021 年 6 月	日本初「輸出用清酒製造免許」交付
2021 年 12 月	FUKUSHIMA NEXT 福島県知事賞受賞
2022 年 3 月	日本農業賞食の懸け橋部門特別賞受賞

（資料：ねっかホームページより筆者作成）

8　農家独自流通ビジネス

（奈良市・計画）

・大都市近接の市街化調整区域、山間地。人口減少、高齢化は限界集落と同等であり疲弊
・米からキウイフルーツへの転作。野菜の畝栽培などのイノベーションを実施
・近隣都市住民の農作業への参加を呼びかけ
・後継者不足から5年後に50 haの耕作放棄地が出現と予測。都市住民の参加により50 haの農地の維持が可能

①　地域の状況とプロジェクトの立ち上げ

奈良県の県都奈良市は人口35万人を超える。奈良市田原地区は奈良市の東部に位置し、奈良市の中心部から自動車に乗り約30分で到達する。春日大社の背後に位置する春日原始林（国の特別天然記念物に指定）のさらに上流に位置する標高５００mの山間地域にある。奈良市中心部に近いことから、市街地開発のポテンシャルを持っており、市街化調整区域として開発が抑制されてきた。この結果、住宅地開発が制限され、また農家の後継者も少ないことから、人口減少が顕著で、数年後には耕作

放棄地が50haに増えるといわれている。この地域は過疎地域と酷似した問題を抱えている。

しかし逆に言えば田原地区は農産物販売の大きな市場を持っていると言える。このため地域支援型農業（CSA：Community Supported Agriculture）が行えるのではないかとの話が奈良市元気なら農業活性化プロジェクトでは、住民参加型栽培プロジェクト事業開始当初からあった。本プロジェクトでは、住民参加型栽培プログラムを実施し、そのマーケットを農家自身が感じ、自らが消費者団体をつくるプロジェクトを開始した。市民が集落とゆるくつながるサイトを構築した。これは関係人口とも言えるものである。このグループが共同購入組織へとつなげるプログラムを構築した（図6・5）。

2 住民参加型栽培プログラムの実施（レベル1）

●ポテンシャルの理解

本プロジェクトはキウイフルーツを水田に植えることから始まった。キウイフルーツの苗植えに市民の力を借りようと「一

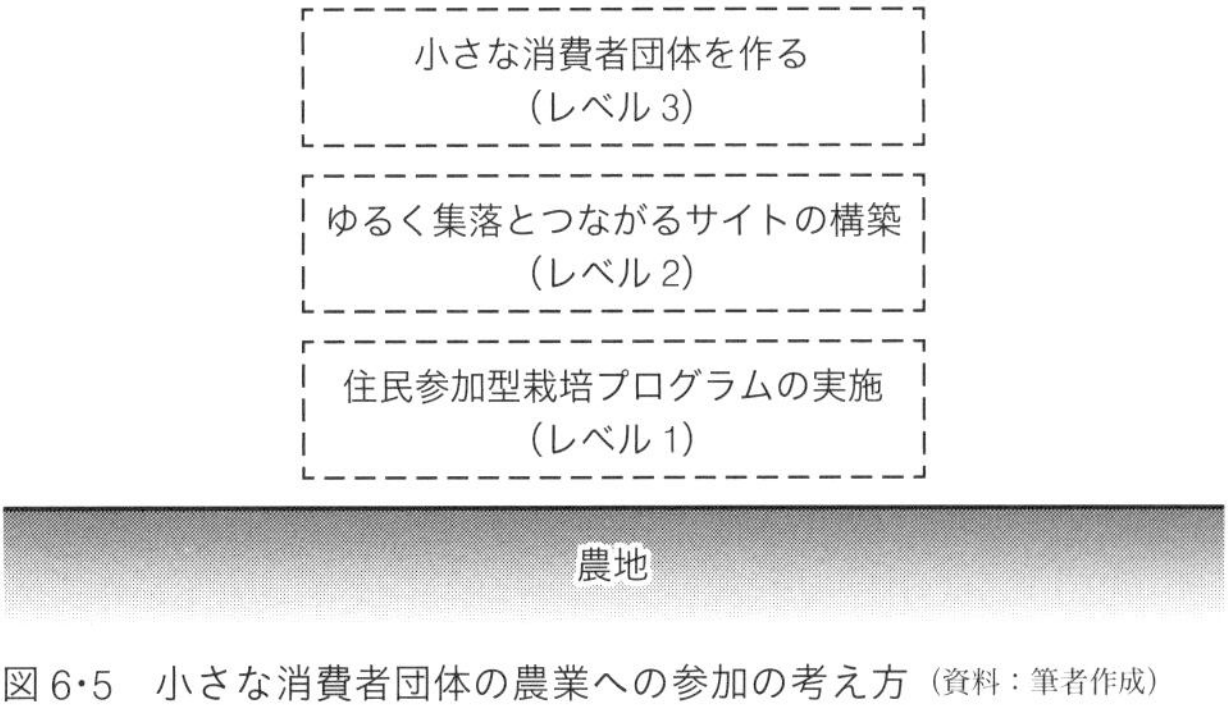

小さな消費者団体を作る
（レベル3）

ゆるく集落とつながるサイトの構築
（レベル2）

住民参加型栽培プログラムの実施
（レベル1）

農地

図6･5　小さな消費者団体の農業への参加の考え方（資料：筆者作成）

ポテンシャルを理解するための「一緒にキウイフルーツを植えませんか？」のイベント（奈良市田原地区）

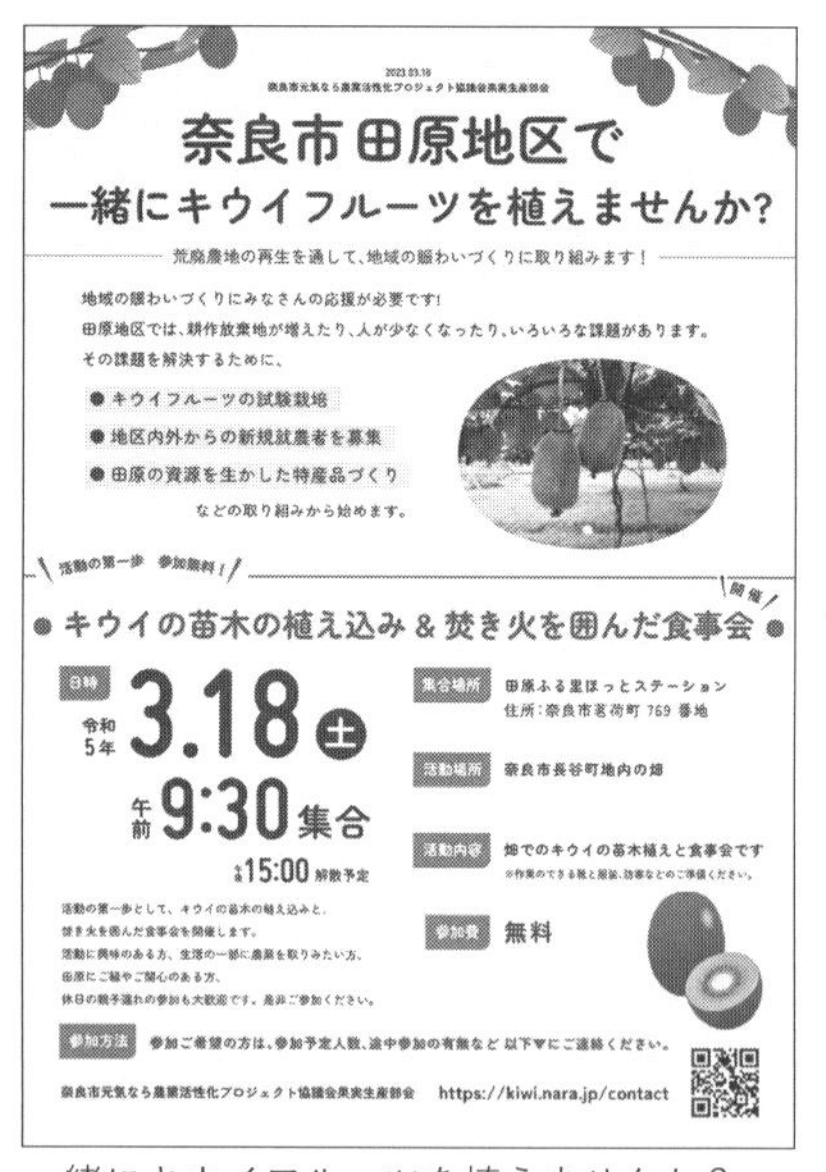

一緒にキウイフルーツを植えませんか？
（資料：奈良市元気なら農業活性化プロジェクト協議会）

緒にキウイフルーツを植えませんか？」というイベントを企画し、SNSを介して募集したところ100人を超える市民が瞬時に集まった。初期段階からメインターゲットは子どもを持った近隣に住む会社員家族と設定し、休日の親子づれ大歓迎の文字を募集パンフレットに入れた。都市に住み、育ち盛りの子どもを持つ家族は、たまには子どもを自然に触れさせたいとの意向を持っており、都市部と至近距離にある田原地区のイベントは絶好の機会である。また農家にとっては地元の消費者と直接出会うことで、農家がそのポテンシャルを知ることができる（表6・7）。

●来年の栽培暦の作成

「一緒にキウイフルーツを植えませんか？」のイベントを経験し、周辺には多くの農業を支援する市民が存在することを田原地区の農家が理解で

表6·7　イベント参加者の声

- なかなか土に触れる機会がないのでとてもいい経験になりました。
- 今回は時間がなくイノシシ鍋を食べられなかったので次回が楽しみです。
- とても感じの良い丁寧なリマインドメールを何回かいただき、良い方が主催されているのでいいイベントなんだろうなと感じておりました。
- 今回無料でしたので、こんなご時世ですし参加費は取ってくださいね！
- 貴重な体験ですし、お金払ってもいきたいです！ 次回こそ参加させていただきます!!
- 今回参加申し込みの経緯ですが、キウイフルーツ狩りに息子が行きたいなーと話していて奈良市内にキウイフルーツ狩りをできる場所が見つけれなくて落ち込んでいたところ今回のイベントを見つけて母子共にワクワクし申し込みさせていただいた次第でした。
- 息子は保育園でみんなにキウイフルーツを植えるんだ！ と自慢していました。
- 次回もしイベントがあれば参加させていただきたいと思います(^ ^)。
- 釜だきご飯も猪汁も焼き芋も全て大変美味しく頂きました。
- キウイの苗付けは初めての体験でとても楽しかったです。困っていたら周りの方が皆さん優しく教えて下さり嬉しかったです。またイベントがあれば是非伺いたいと思います。沢山の準備、片付け等々、ありがとうございました。
- 地元奈良に知り合いが少ないので、地元で新たな繋がりが出来嬉しく思います。今後も募集あれば参加させていただきたいと思います。宜しくお願いします。
- 晴れ渡る空の下で、釜焚きご飯においしい赤カブ漬、猪汁、焚き火で焼いた焼き芋と、とても美味しく楽しい時間を過ごせました。娘から教えてもらって参加させてもらいました。
- 簡単そうに思ったのに実際したら難しかったです。美味しいお昼ご飯に焼き芋チョー楽しかったです。

きた。その後田原地区の農家と市民参加者に再度集合いただき、翌年に実施する農作業の年間スケジュールをみんなで考えた。この結果、ジャガイモ、ネギ、玉ねぎ、小松菜、白菜、大根、赤かぶなどの播種、定植、収穫時期を確定することができた。その後インターネットサイトを制作し年間スケジュールを公開した（表6・8）。

参加した都市生活者の多くは家族で食べる食事の一部を自給したいと考えている。自然のなかで暮らしたいと考える家族もいるだろう。そのための第一段階が自然のなかで過ごすことであり、田畑の景観を楽しむことである。このためこうした要素を入れながら集落と田舎とがゆるくつながることが第一歩であるとのコンセプトをつくった。インターネットサイトには集まった人たちのリアルな声を収集し、なぜ参加するのかのニーズを文字化していくことで、サイトが訴求力高めていくことを目的とした。

来年の農作業で何植える？会議（資料：奈良市元気なら農業活性化プロジェクト協議会）

表 6･8　栽培暦（田原地区）

品種		1月	2月	3月	4月	5月	6月	7月	8月	9月	10月	11月	12月
米（予約購入）			▷								□		
茶（予約購入）			▷				□						
紅茶 WS									▷				
ブルーベリー WS									▷				
キウイフルーツ												□	
トマト							○		□▷	□	□		
キュウリ					○		□	□▷	□	□	□		
サツマイモ						○					□▷	□	
ジャガイモ					○		□	□▷					
ナス						○		□	□	□	□		
トウモロコシ						○			□▷				
玉ねぎ							□	□				○	
赤かぶ（漬物）		□	▷						○				□
キャベツ	春夏				□							○	○
	秋冬								○			□	□
白菜									○			□	□
ネギ					□				○				
大根	秋冬穫り									○		□▷	
	初夏穫り				○		□						
人参	夏秋穫り								○			□	□
	秋冬穫り					○				□	□		
里芋					○							□	
カブ					○							□	
りんご												▷	
餅つき・しめ縄													▷

(注) ○：播種、定植　　□：収穫　　▷：イベント
　　WS：ワークショップ

③ゆるく集落とつながるサイトの構築（レベル２）

ゆるく集落とつながるサイトを構築した。田原地区のマークも制作した。ネット上で田原地区の栽培状況を共有し、いつでも消費者が農業に参加できる体制をつくった。ゆるく過疎集落とつながるとはまさに関係人口のことであり、このゆるくつながる組織が共同購入の母体となるものだ。

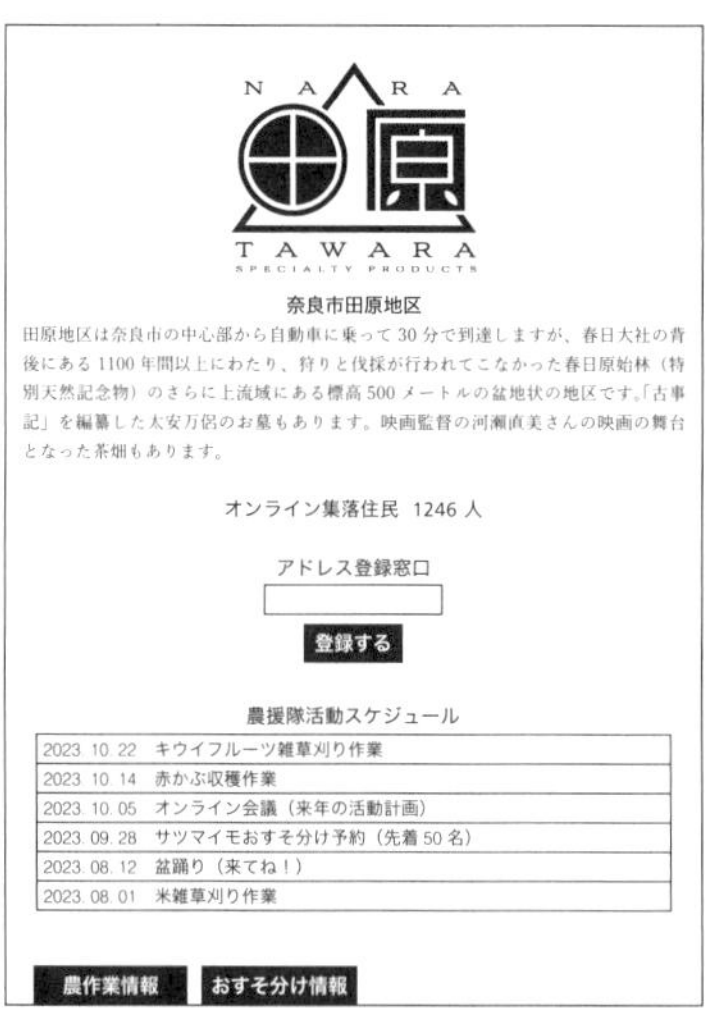

ゆるく過疎集落とつながるDXのトップページ（イメージ）

④小さな消費者団体をつくる（レベル３）（参考）

消費者団体の農業への参画は、日本の生活協同組合の産地からの共同購入が先進事例として世界に広がっている。米国のCSA（Community Supported Agriculture：地域支援型農業）やフランスのオーガニック食材の購入システムAMAP（Associations pour le maintien d'une agriculture paysanne：農家を支える会）などである。

日本の生活協同組合は、大きな流通網を持った組織だが、フランスのAMAPの1単位は100

人程度である。フランスでは１２００以上のＡＭＡＰが存在するといわれており、町の広場など指定の配布所で農産物の受け渡しが行われている。何も大きな生活協同組合で共同購入を行うのではなくても、地元でできた農産品は普通に地域で食べる循環ができることが重要だ。消費者団体の共同購入に重要なのは、農産物が持っている価値の評価を消費者団体が行うことである。農家が農薬や化学肥料を使っているのか、あるいは有機栽培を行っているのかというチェック機能が重要視されている。消費者団体は農家の姿勢を認証していることになる。

日本の有機農業に認証を与えているのは国際有機農業運動連盟（ＩＦＯＡＭ）の基準に準拠したＪＡＳ認証制度である。しかし、農水省が示す有機ＪＡＳ認証は農作物の品種ごとに生育状況を記録することが必要であり、煩雑な事務作業が農家に生じるため、小さな農家には有機ＪＡＳ認証は普及しなかった。こうした問題点を解決するために、ＩＦＯＡＭは、有機ＪＡＳ制度と同等な認証制度である参加型保証システムＰＧＳ（Participatory Guarantee Systems）を制度化した。国が認証を行うＪＡＳとは異なり、地域ごとに消費者、生産者が中心となり農場の調査や認証を行い小規模農家でも対応できる認証制度を開拓したのである。つまり農家の認証を消費者団体に委ねる道をつくったのだ。

この認証制度の理念を理解したうえで、地域組織と消費者とが連携して小さな消費者団体をつくることができる。農家は農作業に消費者の参加を得ながら、徐々に消費者とともに栽培基準を設け、双方の信頼関係を構築することが肝要である。これにより消費者と農家の自立圏をつくる試みである。

たとえば、50家族（100人程度）に毎週3千円（郵送費含む）で農産物を送る。つまり1週間に15万円、1か月に60万円の農産物を消費者に送る。年間で計算すると720万円の売上を農家にもたらすのである。消費者は商品を前払いすることにより、農家の安定経営に貢献できる。農家が消費者に送る1ケースには約10種類の農産物を入れる。農家の一品目の栽培は1畝ごとでも可能である。農家が、農家の自給のために栽培している菜園の産品を消費者へ提供すると考えても良い。これは、フランスの購入システムAMAPと同程度の規模であるばかりか、こうした地域発の生活協同組合は農家側でもできることを示している。まずは、このような小さな消費者団体からスタートすれば良い。これらの情報の告知と活動はインターネットを介したオンラインでつくることで十分に機能できる。

1畝を使い、消費者が参加し、玉ねぎ苗800本を植える（奈良市）

第3部

国の直接投資と公民連携による所得向上

第7章 農村における公民連携

1 民間が主導せざるを得なかったまちづくりの経験

国の地域活性化政策は、先進的な民間事例が出て、その事例を後追いするように制度化され、補助金がつき、全国に横展開されてきた。なぜ民間の事例が制度化の端緒となるのか。それは、明らかな危機やチャンスが眼前にあり、それを一番先に気がついた民間が、強力なリーダーシップのもとに実行したからである。しかし、こうした先見性には、えてして資金力がともなわず、投資リスクを削減するために〝割り勘〟で事業化を図ってきた。なぜ民間が事業資金を〝割り勘〟したのかと言えば、新しい地域活性化事業には、適用できる補助金がなく、民間で実施するしか道がなかったからである。

① 宇部興産

本書で注目しているのは、重化学工業の地方立地をいち早く実現した山口県宇部市である。新産業都市建設促進法の端緒となった山口県宇部市は重化学工業のまちをつくるために市民の出資を募った。これが現在の宇部興産の始まりである。

岩間英夫（1991）によると、宇部市の鉱工業地域の形成の要因について以下のように書いている。「1910年代前後から工業が起こった。電気工業、化学工業、セメント工業などである。それは〝石炭はたとえ消滅しても工業を残すことによって子々孫々まで生活を豊かにし得るようにしなければならない〟という当時のリーダーの言葉に象徴される。〝宇部市は石炭産業が豊かなうちに新たな産業の成長へ向けた実践を開始した〟」とリーダーの先見性について記している。

宇部興産設立当時の各社の株数および株主数を見ると、いずれも宇部市民の占める割合が7割から9割を超える。これは宇部興産が市民投資により発展してきたものであることを示している。これらを総称

表7･1　宇部興産の株数・株主数に占める宇部市民の割合（1942年）

事業所名	総株主数（人）	株主に占める宇部市民の割合（%）	総株数（万株）	宇部市民の所有割合（%）
沖の山炭鉱	1,496	84	13	94
宇部セメント	2,482	76	28	74
宇部窒素工業	3,171	72	50	74
宇部鉄工所	1,162	92	10	92

（資料：渡邊翁記念文化協会（1953）『宇部産業史』）

して「宇部精神」という（表7・1）。

②長浜黒壁

筆者は中心市街地活性化事業の制度化のモデルとなった滋賀県長浜市の「黒壁」にも注目する。モータリゼーションの発展で郊外型沿道立地の大型店舗が隆盛になるなかで、いわゆる駅前商店街は衰退の一途を辿っていたが、このまま地元の商店街は衰退して良いのかという疑問が市民から巻き起こった。長浜商店街にある地元の金融機関の社屋が取り壊されることが決まり、住民から保全すべきではないかとの声が上がったのだ。

地元の旦那衆らはこの声に即座に反応し、保存維持に必要な資金を出資して、第3セクターの「黒壁」が1988年に設立された。この第3セクターは地元企業8社から9千万円の出資を受けて設立された。また1口500万円の追加出資を実施し、38社と個人4名から2億円、市から1億円の追加出資を得て、まちづくりを開始した。1社当たり5００万円という大金を出せる旦那衆がいたのが成功要因の一つだ。みな〝割り勘〟でスタートして

宇部興産（山口県宇部市）

いるのだ。この事例が発端となり衰退した商店街が抱える問題意識を国が把握することとなり、中心市街地活性化法が１９９８年に制度化された。

2 農家に投資を決めた大企業

1 アイリスオーヤマと舞台ファーム

地域活性化の制度化の発端は、いつでも多数が集まり民間だけで始めたものに由来する。その領域に該当する補助金が見当たらないから、関係者は、共同出資という手段を用い、リスクを分散してきた経緯を宇部興産と黒壁で見てきた。

近年、ファンドという手法が活用されている。投資家から集めた資金を取りまとめ、事業化を進め、株式公開時に投資家が収益を上げるシステムである。しかし農業に関するファンドはうまくいかなかったと聞く。結局、農業は儲からないから、大企業も手を出さないのだろうか。

大企業が農家に投資し、大企業自身も農業に参入した事例を紹介する。その契機は農家の大企業

黒壁（滋賀県長浜市）

会長へのプレゼンテーションにあった。大企業にプレゼンテーションを行ったのは、宮城県仙台市で15代続く農家であり舞台ファーム代表取締役の針生（はりゅう）信夫氏である。また針生氏のプレゼンテーションに応じ、農業への新規参入を果たしたのはアイリスオーヤマ株式会社の大山健太郎会長である。

針生氏は、プレゼンテーション能力のある珍しい農家である。針生氏は業務用野菜の卸売業を主業とする舞台ファームを2003年に起業した。その後、東北地方でいち早くカット野菜工場を作り、大手コンビニチェーンにカット野菜を納入することに成功する。また、東日本大震災によって、農場は大きな被害を受けたものの、この窮地をチャンスと捉え、大規模な野菜工場を建設する。こうして大手コンビニチェーンの東北地方におけるカット野菜の流通市場を独占することに成功する。その後、仙台市に本拠をおき東北一の売上を誇るアイリスオーヤマ株式会社代表取締役会長の大山氏に面会を求め、15分という面会時間であるのにもかかわらず、また取り巻きの制止を振り切り、45分にわたる熱いプレゼンテーションを続けるのである。大山会長はすかさず企画担当の社員を呼び、針生氏が持参した企画書を会社の会議に使えるよう書き直すようにとの指示を出す。そしてアイリ

針生信夫氏（株式会社舞台ファーム、舞台アグリイノベーション株式会社代表取締役）

スオーヤマは農業への投資を決断し、針生氏は84億円の資金調達に成功する。そして、針生氏は日本屈指の精米工場を、84億円をかけて建設する。

② 初期投資を大企業に頼っていて良いのか

本書は針生氏を賛辞するために事例を紹介するものではない。しかし、針生氏が84億円の資金を得て、精米工場を建設した直後に、アイリスオーヤマは、パックライス工場への投資を行い、農業に参入する。また舞台ファームは精米工場で収益が拡大した直後に大規模野菜温室（舞台ファーム美里グリーンベース）への投資を行う。この連続的なイノベーションが重要だと筆者は強調したい。アイリスオーヤマは宮城県角田市においてパックライス工場を作った。ここにある設備はアイリスオーヤマが自らのために自ら製作したものだ。そして、同工場には、コロナ禍でニーズが膨らんだマスク製造機械もある。このマスク製造機械も自らが製作しているのだろう。アイリスオーヤマは実に柔軟

表 7･2　アイリスオーヤマと舞台ファームの農業に関するイノベーションの連鎖

年度	事業名称	立地場所	生産品目	投資額
2003 年	有限会社舞台ファーム設立	宮城県仙台市	業務用野菜卸	—
2005 年	カット野菜工場投資	宮城県仙台市	カット野菜製造	3.5 億円
2014 年	舞台アグリイノベーション株式会社亘理精米工場投資	宮城県亘理町	コメ精米	84 億円
2017 年	アイリスオーヤマ角田工場投資	宮城県角田市	パックライス製造	30 億円
2021 年	舞台ファーム美里グリーンベース投資（国助成金 1/2）	宮城県美里町	野菜栽培	34 億円

（資料：筆者作成（投資額は筆者の推定））

に、そして迅速にイノベーションを起こす企業であることが窺える（表7・2）。

そして大企業と農家との連動により、宮城県は、たった7年間で、四つの土地利用型地域ビジネスをつくり、新たな農地管理の骨格ができたと言える。

しかし仮にアイリスオーヤマが行った最初の投資額の84億円がなかったら、次の二つのイノベーションは生まれてこなかった。逆に、最初の事業に投資リスクがなければ、収益が安定化するまで

舞台アグリイノベーション株式会社亘理精米工場全景

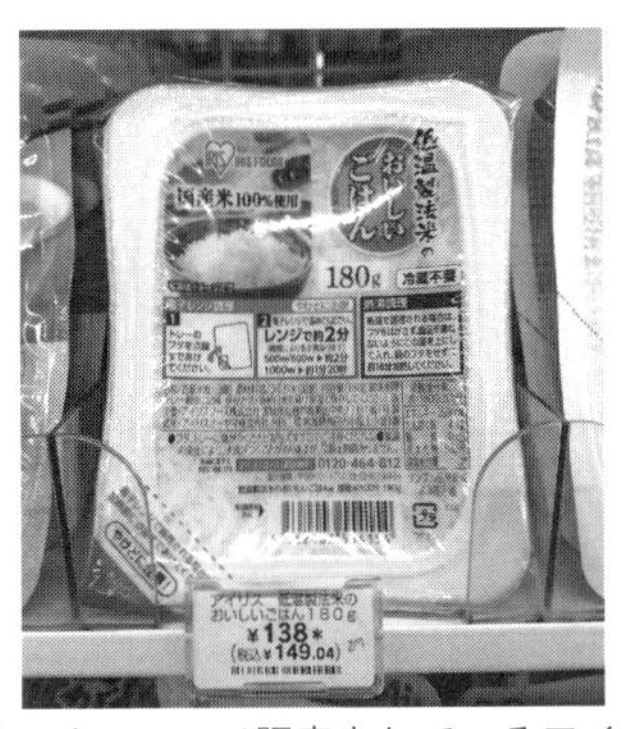

コンビニチェーンで販売されているアイリスオーヤマのパックライス

美里グリーンベース全景（写真提供：株式会社舞台ファーム）

の期間は短縮され、次のイノベーションは早期に起きる。だから国が最初の投資を行い、次のイノベーションまでのリードタイムを短縮することで地方経済の浮揚を行えるのではないか。

3 資金調達の課題

1 地方の自己破壊

今、国の借金の増大に対する懸念と地方財政のひっ迫に焦点が当たっている。このため、農業に関する大きな設備投資をともなう公共事業は、地方では行われにくい状況が続いてきた。また、農協は大都市にある卸売市場まで品質の一定する農産物を運ぶことができ、道府県の東京事務所は百貨店やスーパーへ農産物の販売促進を行うことはできても、農家は直接的に市場を知ることができなかった。このため、農家は生産量の増加を図る以外の大きな設備投資を行う必要がなかった。しかし、

美里グリーンベース（温室竣工前）
美里グリーンベースの野菜栽培自動化温室は年間14回の栽培を行える

これは地方において新しい領域への進出を図るリスクのあるイノベーションが行われてこなかったということだ。まさにマーチ（March）が述べた自己破壊（コンピテンシー・トラップ）といわれる現象に地方のみならず日本全体が陥っているのである。「失われた30年」となってしまったのは、イノベーションを決断できるリーダーが国においても、地方においてもいなかったことが大きな要因である。この相関関係を日本で初めて示したのが舞台ファームとアイリスオーヤマである。

大企業と農家との連鎖で得た経験は横展開できる。仮に大企業ではなく、国が最初に当事者にリスクのない投資を行うのであれば、そこから地域ビジネスはイノベーションの連鎖を行うことができるはずだ。ただし、その業種は米ではない。それは宮城県がすでに米による土地利用維持を実現しているからであり、競争過多で市場を荒廃させることはないからである。国と地域ビジネスとが連携し、粗放農業に対する相互イノベーションを起こすことを目指し、投資リスクを回避するという成功事例を横展開してはどうだろうか。

② 投資の先に集落経営という地域ビジネス領域がある

集落が持つポテンシャルと古民家の価値を見出し高級ホテルに改築したNIPPONIAのビジネスモデルで分かるとおり、事業の投資者と経営者を分離することは経営の専門化に大きく貢献する。集落経営の専門化とは何か。これは集落や農地の維持に専念する新しいビジネスの領域や業態をつくるということである。

筆者がこだわるのは設備投資である。これは10億円、20億円規模の大きな投資の向こうに、集落や農地の維持に専念できる新しいビジネスの領域が存在すると考えるからである。逆に言うと、大きな設備費用の投資を国が肩代わりすることで、むしろ経営に関するソフト化は進む。イノベーションを起こし続けないと事業は継続できないからである。経営に特化した地域ビジネス領域だけではなく、新たな人材ニーズが生まれるのは必須である。

③ 地域ビジネスの当事者を直接的に支援できる制度が必要である

国の補助金や交付金は地域ビジネスの投資に使え、その事例は数多く存在するが、先駆的な取り組みに対して、住民の代表である議会の承認が得られるのかという課題がある。先駆的な取り組みには補助金が存在しないことも見てきたとおりだ。あくまで二番手以降が対象である。補助金を活用した地域ビジネスの多くは住民の意見を取り入れることが優先され、大規模投資を行ったものであっても、的の外れた施設が建設されることも多い。経営の当事者が不在の地域ビジネスはうまくいかないと考えたほうが良いのではないか。

また、第3セクターのような市町村長が社長となった地域ビジネスも同じ理由でうまくいかない。議会が事業を承認し、赤字でも安定的に給料が支払われる従業員だけでは、イノベーションが生まれるはずもなく、統廃合につながる事例は数多い。地域ビジネスの当事者を直接的に支援する制度が必要である。近年は公民連携（ＰＰＰ）にその兆しがある。こうした制度の延長線上で国の直接投資と経営の分離を考えてみてはどうか。筆者は「プッシュ型ＰＰＰ」と「個人を応援するＰＰＰ」の創設を次節において提案する。

④ 収益の地域外への流出を抑制する制度が必要である

投資信託（ファンド）とは、投資家から集めた資金をまとめ、地域ビジネスの株式や債券などに投資・運用する商品のことである。地域ビジネスへの投資として活用できるが、水源地にある第３セクターの名水工場が、海外投資家が集まるファンドに買収されるなどの事例もあり、多くの資金をファンドに頼ることは危険である。地域ビジネスの成功により得た収益の地域外への流出を抑制する新たな制度を創設する必要がある。

4　土地利用型地域ビジネスによる所得向上

[1] 国の直接投資

適正規模の農家が生産する社会的価値を市場価値に変換するのが土地利用型地域ビジネスである。土地利用型地域ビジネスは収益を配分するジョイントである。筆者は地方の粗放農業は国民的経営によって行われるべきであると考える。このため土地利用型地域ビジネスは国民の代表である国による直接投資によって行う必要がある。国が投資するのは土地利用型地域ビジネスに関する建築、土木、設備など、粗放農業等のための主にハードといわれる事業分野である。これは、アイリスオーヤマから84億円を調達した舞台ファームが作った精米所と農地が該当する。84億円の出資を得ることは、普通はできない。だからそこに国の関与が必要である。以下に土地利用型地域ビジネスによる所得配分の方法を提案する。

[2] 土地利用維持法人制度の創設

日本において、すでに九州に匹敵する面積の土地が所有者不明であり、相続の放棄も増えるといわれている。もし管理ができなくなった土地だけの相続放棄が可能になれば、イヤでも土地は国有化される。そのなかには放牧が可能な農地も含まれているだろう。さらに管理が難しくなっている農地でも放牧地への転換が可能な農地は国が適正価格で積極的に購入し、放牧希望者に貸し出すことは考えられないだろうか。

これを民間任せにしたらどうなるか？

企業が行き詰まれば、集落が持っていた資産は企業の負債の担保として、簡単に分解され、個別に売り買いされる懸念がある。一企業の経営の失敗をすべて地方自治体が買い取れと言われても手が出ない。後述するように筆者は水資源が外国資本に買収された苦い経験がある。農地も日本企業という名のもとに海外ファンドによって売買される可能性もある。地域の土地利用維持を支えるイノベーションまでもが、外国の資金が頼りで、その事業のもとで、日本人が汗を流して働いた収益が外国の投資家に流れてしまうのであれば、日本の農地は植民地になり下がったと言わざるを得ない。植民地とならないためには、土地利用維持法人を制度化し、国の資金を入れ資産の流動化を防ぐ必要がある。国が建築、土木、設備、粗放農業を行う農地の整備事業などに投資する。土地利用維持法人はこの所有者として資産を管理する。

③ 国の直接投資と土地利用型地域ビジネスの経営は分離される — プッシュ型PPPの創設

国の直接投資と土地利用型地域ビジネスの経営は分離される。広域的な農村集落は組織化し協議を開始する。しかし、固い結束の長老組織だけを広域から集め構成員とするのではない。多様な参加者を求めるべきである。この協議をへて、イノベーションを決断できる経営人材を招聘し、地域の後を継ぐ人材とともに、経営組織を組成する。

地域の後を継ぐ人材、あるいはその組織のなかには組織をマネジメントできる人材はいる。後継組織は長老組織からの存在承認が必要である。存在承認をへて後継者による経営組織は粗放農業と土地利用型地域ビジネスの運営を行う。これは広域的な集落を対象とした新たな公民連携の関係であり、「プッシュ型PPP」とでも呼ぶ新たな制度の創設である。集落の存続は危機的であるため、これは緊急措置として行われるものである。

近年、被災地において、市町村や県からの要請がないものの必要物資を国が搬送することや自衛隊が住民からの要求を聞いて国に伝達する作業が行われている。同様に存亡の危機にある集落については国が直接入り、広域の集落の計画をまとめていくことが行われて良い。農水省、国土交通省、総務省、経済産業省（中小企業庁）、厚生労働省、内閣府などが、地域政策部局ごとに、投資資金を持ちながらプロジェクトを抱えるのも良いのではないか。国は法制度にも長けている。国が規制緩和と補助金による支援により、空き家活用のビジネス領域を開拓したように、土地利用型地域ビジネスが経営に専念できる業務領域の開拓を、国とともに現場で考えてはどうか。このなかで新たなイノベーションを生むことが、土地利用型地域ビジネスの任務となる。

④経営人材とオペレーションの分離

集落の維持に貢献する土地利用型地域ビジネスの経営人材は外部から招聘する。一方、招聘された経営人材は土地利用型地域ビジネスに関与できる住民をマネージャーとして任命し、マネージャーは地元住民とともに土地利用型地域ビジネスを運営する。この経営人材と地域のマネージャーは、土地利用型地域ビジネスの基軸である。ただし土地利用型地域ビジネスでは経営人材（ないしはその企業）に利益を吸い上げられる従属的な関係とならないことは明記する。

⑤経営人材に偏らない所得の配分

土地利用型地域ビジネスに必要な施設は、国の直接投資により整備され、若い後継者が経営する民間企業が賃料を支払う。これはＰＰＰにより、30年間程度の長期賃貸契約により、事業運営されるものと相似している。事業に固定資産税が発生しない。利子返済もないなかで、民間企業が運営で得た所得は、経営人材や株主に集中的に配分するのではなく、経営人材、従業員、原料を提供す

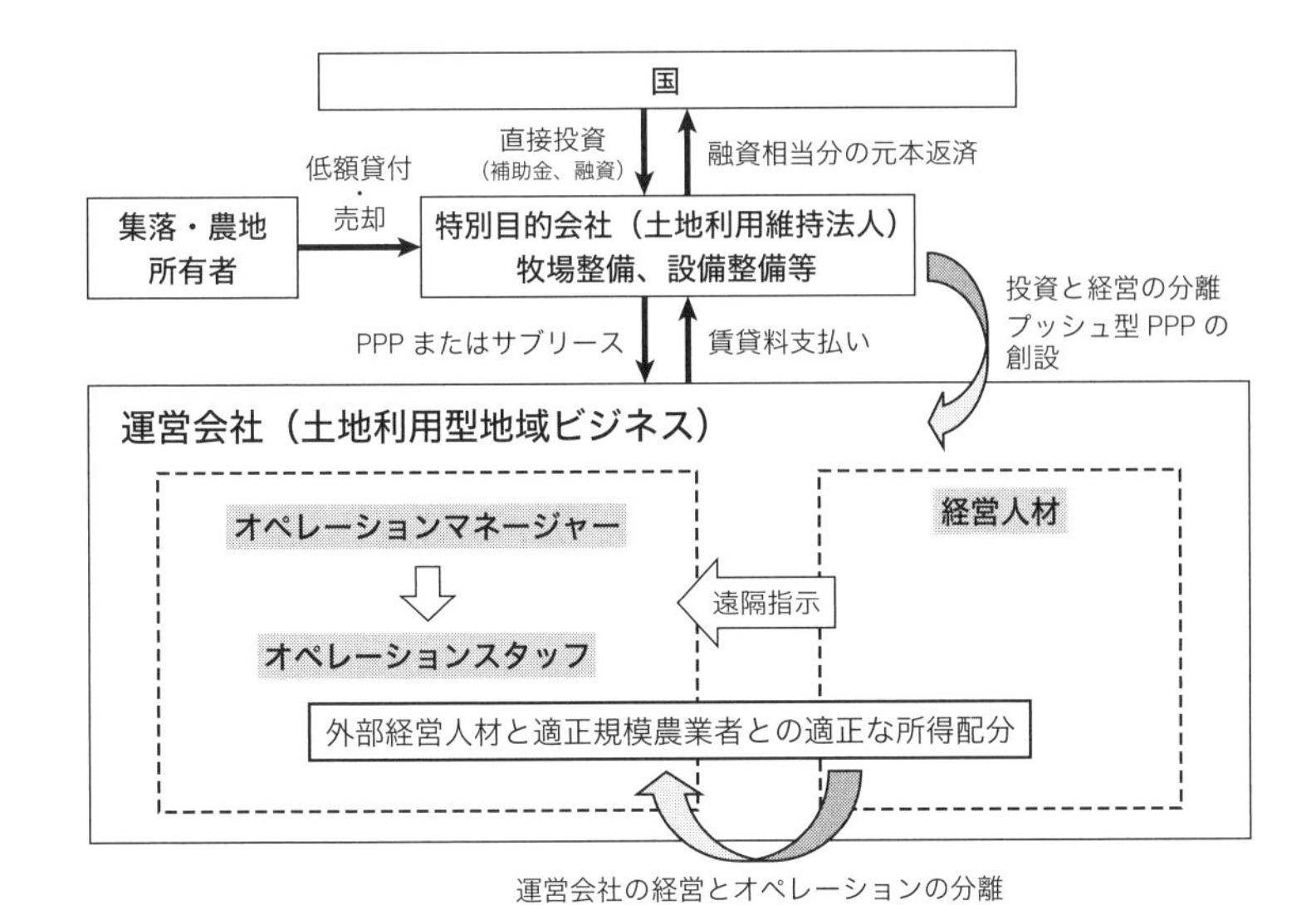

図 7･1　投資と経営の分離―プッシュ型 PPP の創設（資料：筆者作成）

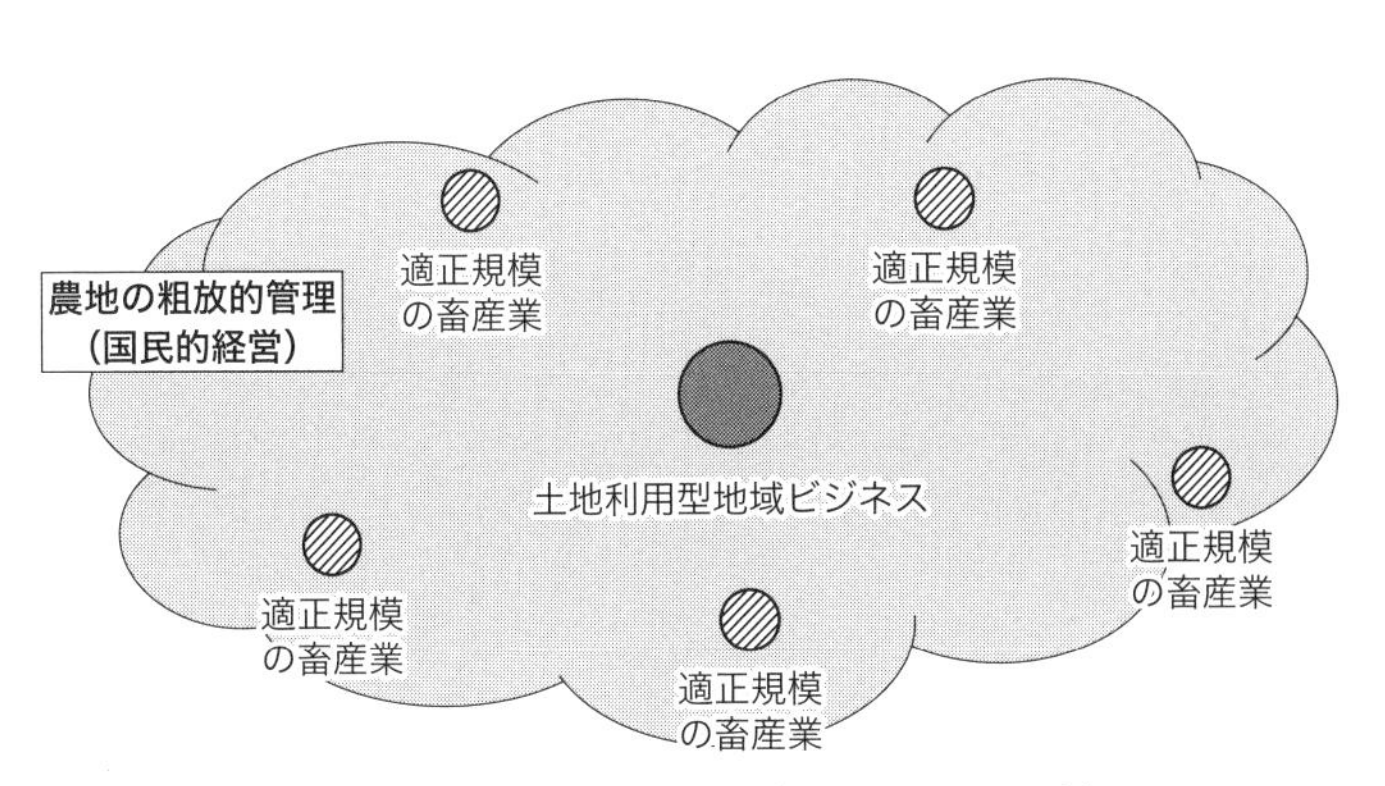

図 7･2　適正規模の畜産業の集積―個人を応援する PPP の創設（資料：筆者作成）

る農家などに報酬として再配分される。所得配分、資金調達方法の改革により都市と地方の所得格差の解消を図ることが必要である。

⑥ 適正規模の畜産業の集積 ― 個人を応援するＰＰＰの創設

適正規模の畜産業の集積を図ることで、広域的な粗放農業が行える。この牧場適地の抽出は、新規就農者には難しい。このため、地方自治体が率先して適地を抽出するとともに、国が牧場整備費を投資する。今までのＰＰＰの公設民営の民は民間企業であったが、ここでは牧場主となりたい個人への公からの委託であり、個人を応援するＰＰＰという制度の創設を行うことが考えられる（図7・1、7・2）。

第8章 国の投資と地域ビジネスによる農地・農村維持

1 内発的発展論の今日的解釈を試みる

① 集落が無住化すれば、地域外の企業が開発を始めるのではないか

集落が無住化しても、比較的平坦な農地であった土地は、依然として開発のポテンシャルを持っており、いずれは外部からやってきた企業により開発される可能性はある。筆者はリゾート開発で沸く時代に新潟県内でゴルフ場適地を見付ける仕事をしたことがある。ゴルフ場適地とは高低差が100m以内で100ha規模の土地を確保できる場所のことである。広大な新潟県であってもゴルフ場の適地は、20か所を超える程度であり、そんなに多くはなかった。ここで抽出された適地候補の土地利用規制を調べるだけで、開発の可否は明らかにすることができた。

しかし、今は衛星写真を判別して一団の耕作放棄地を抽出できる。近い将来に無住化する農村集落に対して、現在の集落住民が思いもよらない土地利用の発想と資金を持って企業が進出することは予想できる。大規模メガソーラーや風力発電の適地は離島や山間地域に簡単に見つけ出すことができる。

人口が多いところは反対が起こり、事業の実現が難しい。こうした地域外の企業が立地するのは、みな生活圏から離れ、権利関係者が少なく合意形成が得やすいところだ。

これらが外来的開発の代表例である。外来的開発とは内発的発展の反対語である。内発的発展論では内部から産業を起こすことがポイントだ。長老組織が先祖代々から受け継ぐ土地の存続を考えるのであれば、集落において地域ビジネスの継承や創業の方向性を見定める必要がある。次に内発的発展論とは何か、そのポイントを簡単に説明する。とくに筆者は地域と大企業の関係と、地域の自力更生に関して見解を示したい。

②内発的発展論も外部の力も取り入れだした

日本において内発的発展論が紹介されたのは鶴見和子と川田侃編集による『内発的発展論』（1989）が最初である。内発的発展という言葉は、「1970年代にスウェーデンのダグ・ハマーショルド財団が、国連経済総会（1975年）の際につくった〝なにをなすべきか〟の報告書から始まる。

この報告書において〝もう一つの発展〟という概念を問題提起したときに、〝内発的〟という言葉と〝自力更生〟という言葉を併記したのが始まりである」と西川潤が同書のなかで述べている。

この時代には環境汚染や公害をまき散らした大企業も多くあり、地域が犠牲となったと言われても言い返せない。一方、海外では開発途上国においても、先進国の多国籍企業による工業立地が進行した。日本の地方も開発途上国も、安価な労働力があることに目を付けられ、企業が工場建設に必要な資金を投資する代わりに、富を独占する構造ができあがった。地域住民が働いて稼いだ収益は大都市に立地する本社が吸い上げる支配的発展が行われているのではないか、という疑念が研究者にあった。支配的発展とは異なる発展の道があるのではないかとの問いかけが内発的発展論の根幹にある。このため、西川は「内発的発展は中央集権的発展を排除し、人間の物化を拒否する思想として生成・発達してきた。それゆえ、内発的発展の経済要因として重要なのは自力更生に基づく地域的発展である」と述べている。また「全国各地で地域外の企業による工業立地などの〝地域開発〟が進むなか、〝地域おこし〟〝地域主義〟による地域発展が自力更生の思想に近い」とも述べている。

一方、『内発的発展論』が出版された7年後に保母武彦による『内発的発展論と日本の農山村』(1996)が出版された。その特徴は地域主義に留まることなく、企業誘致を容認していることにある。保母は次のように述べている。「企業誘致の場合には、企業の利益が都市にある本社に流出することや、操業中止を含む経営方針が企業利益を最優先して決定されるリスクを、地元としては覚悟しておかなければならない。地元の努力でどうしても力が届かないときにのみ企業誘致を組み合わせる政策にすることが望ましい」と明記するとともに、「内発的発展の重要なポイントは、住民の参加による地域の自己決定権である。住民みんなが参加し、考え、ともに行動することが大切である」と述べている。

また、小田切徳美（2013）は、日本における「交流活動は、さらに〝協業の段階〟へと変化しつつある。体験・飲食・宿泊を通じた交流だけではなく、ボランティアやインターン、短期定住等をともなう労働提供や企画提案等の形での交流も進み始めている」とし、地域サポート人材に焦点を当て、農山村における「外部の力」が効果的であることを指摘し、ネオ内発的発展論の再解釈を切り出している。

つまり、西川の「地域主義」による外部からの企業参入の否定から、保母の「企業誘致の容認と住民の覚悟」、小田切の「外部の力の評価」へと内発的発展論の解釈が徐々に進化していることが分かる。

また小田切は「内発的発展を名のる議論は少なくないが、日本の農山村を対象として、その次元で具体化しようとしたものは、管見の範囲では見られない。それは、内発的という誰もが共鳴できる言葉であるがゆえの〝総論賛成各論不在〟という状況を示しているのではないか」と指摘している。

③ 大企業との関係をどうコントロールするか

北海道浜中町農業協同組合は、高品質な生乳を作ることに誇りを感じている。それは高級アイスクリームのハーゲンダッツアイスクリームの原料になっているからだ。一方、隣町である別海町のふるさと納税額は２０２２年に69億円に達し、同町が出資する第３セクターのアイスクリームを東京のスーパーでも見かけるようになった。兵庫県丹波篠山市の株式会社ＮＯＴＥは国や地方公共団体の補助金の制度化のモデルとなるとともにＪＲ西日本グループとＭＢＳメディアホールディングス（旧社名：株式会社毎日放送）等との資本提携により、２００室を有する古民家ホテルチェーンを築いている。宮城県仙台市の舞台ファームはアイリスオーヤマの１００億円近い投資を受けた。これを契機にアイリスオーヤマがパックライスビジネスへの進出を果たし、舞台ファームは野菜の大規模栽培温室ビジネスに投資を行うことができた。これらの事例のすべてが、内発的発展論のなかにあるとは言えないが、事業資金の投下により、中小規模の企業や農家がイノベーションを行えるのは事実だ。そしてこの資金が30年間にわたり、日本において枯渇していたことを筆者は指摘したい。

しかし筆者は苦い経験を持ち合わせている。第３セクターである名水飲料工場の缶詰ラインの導入に関与したが、開業後に同社は販路開拓に苦戦した。そこで川下側の卸会社を紹介し、卸会社は激安スーパーにつなげ、みるみるうちに業績は向上した。結局、その自治体は卸会社に経営権を譲渡した。しかし、卸会社はその経営権を外国ファンドが出資する会社へと再度売ってしまったのだ。この卸会社はその後、全国の第3セクターの名水飲料工場を買収している。水源地が外国資本に抑えられているのだ。これから分かることは、企業は売り買いできる対象であること、また企業は変わっても良いが、土地利用維持に貢献する施設の所有は売り買いできないような制度の構築を急ぐべきであるということだ。

外部の大企業が、地方に安価な労働力があることに目をつけ、工場建設に必要な資金を投資する代わりに富を独占することに筆者は反対する。しかし、ＳＤＧｓの市場規模が70兆～８００兆円程度といわれ、２０２０年のＥＳＧ投資総額が約４千兆円（35兆3千億ドル、ＧＳＩＡ報告書）であることを考えると、大企業と地域との連動は大変重要な要素となってきた。とくに大企業の企業活動は、株主の意向に配慮する時代となり、社会貢献への寄与や環境への配慮などの姿勢を示すことが重要な要素となっている。また大企業は地域に対して責任ある行動が求められているため、大企業が持っているポテンシャルは地域で活かされるべきである。

④ 地域の自立更生には中量生産が必要である

地域の自立更生とは何か。西川は内発型発展論のなかで、清成忠男の「内発的地域振興の具体策」

を紹介している。清成は経済の「地域化」には五つの段階があると指摘している。五つの段階を簡単にまとめると「①地域で移入に依存している製品は、地元産品に切り替える。②移出財の加工度を高める。③原料を移出し、地域外で加工した製品の再移入を阻止する。④地域にある産業を現代のニーズに合わせ再組織化する。⑤地元の資源や労働力を生かして、新しい産業を起こす」の5段階である。

このうち移出財の加工度を高めることについて考えると、大量生産は追求すべきではないことは明らかだ。これこそが、大都市市場を押さえている大企業の仕事であり、その工場には従属的な関係が存在すると予想されるからだ。もちろん小規模生産でもない。再三にわたり主張するが、手作りの六次産業化で地域の産業として確立できたのは数少ないという経験を日本は持っているからだ。

内発的発展論でいう生産量は大量生産ではない。筆者は適正規模が生産する少量生産を束ね産業化に結び付ける必要があると主張する。ここで初めて地域における自力更生ができる生産規模が見えてくる。これは土地利用型地域ビジネスにおいては中量生産を準備する必要があることを示している。

5 自力更生のための中量生産の規模を想定する

●商品1袋の輸送費

中量生産とはどれくらいの規模を指すのであろうか。細かな計算が続くことをご容赦願いたい。まずは大量生産であるが、10トン車に積載できる積載量を毎日生産して、毎日大都市に発送できる規模を持った工場の生産量である。大企業は消費地に大きな販路を持っているため、毎日10トン車で商品を搬送しても在庫に苦しむことはない。

大豆ミート会社が製造する業務用大豆ミート製品（2・7kg）でいうと、10トン車で3600袋の業務用大豆ミート製品を運ぶことができる。仮に地方から大都市へ移出する10トン車の運賃を20万円と想定すると、1袋当たり55円が輸送費として販売価格に付加されることとなる。これを段ボール箱1箱（10袋）を宅配便などで輸送することとし、輸送料を3千円と仮定すると、輸送費は1袋当たり300円となり、これが販売価格（約4千円、筆者想定）に含まれる。付加価値の高い商品を運ぶのであれば宅配便の輸送費は許容範囲であるが、日常生活に活用する食品となると価格的な競争力を失ってしまう。

●中量生産の生産規模

商品の生産量により、10トン車の輸送回数は増減する。この生産量の増減は製造ラインのボトルネックの増減により決まる。たとえば商品を加熱調理する回転釜にボトルネックがあるとすれば、回転釜の本数を増やすことにより業務用大豆ミート製品の生産量は増える。回転釜の1日の業務用大豆ミート製品の最大製造量を500kgとし、1か月24日稼働すると約12tonを製造することになる。これにより大都市に向けやっと1か月に約1回搬送できるのである。しかし、賞味期限の問題が浮上する。賞味期限のないアイスクリームであれば可能だが、完成した食料を1か月間も冷凍庫で保存してから大都市へと移出すると、賞味期限が短くなってしまい現実的ではない。つまり少なくとも2~3日に1回は大都市へ搬送する体制を持つ生産量が大量生産で求められる最小規模である。大量生産以外は遠隔地への搬送は難しいのである。

だから中量生産ではコンビニ搬入に使われる冷凍冷蔵機能を持った2トン車やボックス型の営業車（普通車、軽

フォークリフトによる10トンウィング車への製品搬入作業

自動車）で搬送されるのが一般的である。営業担当者が、店舗に製品を供給することが必要である。このため、地域ビジネスの工場創設時に中量生産を始める場合は、搬送先は立地する県内の需要地である。創設時は回転釜をフル稼働せず1日の業務用大豆ミート製品の製造量を180kgから始めるとすれば、これを毎日地域内の卸先に向け搬送する。1日180kg、約65袋を月20日、地域内の店舗に輸送するとなると、専任の搬送者の人件費とガソリン代は毎月50万円程度となり、1袋当たりの輸送費は400円近くとなる。大量生産では1袋当たり輸送費は55円なのでその分割高になる。これは値引きや担当者が店頭における販売促進活動を兼ねることで対応し、500kgのフル稼働、さらには回転釜の増設をめざしていく。また学校給食での使用など地域からの支援は行われるべきである。

フォークリフトによる2トン車への製品搬入作業

●中量生産に必要な耕作面積はどれくらいなのか

大豆ミート製造会社は大豆を原料とした大豆ミート商品を作る。この大豆ミート商品は国産大豆で作られている。今は内発的発展を議論しているので、国産大豆でなくてはならない。この工場の初年度の大豆原料の必要量を50tonと仮定し、立地する地域の栽培面積が37ha、1反当たりの収量を150kgとすると、地域の収量は55tonであれば、工場での大豆必要量は地域での生産量を下回り、対応が可能である。

しかし数年後に工場で生産される大豆ミート製品が年間100tonとなった場合は、100tonの大豆が必要となり、66haの栽培面積が必要となる。つまり、現行の栽培面積から29haを増やす必要がある。この栽培面積が、国が奨励している米から大豆への転作で賄う。これには農水省からの転作奨励金が交付される。大豆畑の画地を大きくし、大型機械を導入しようという議論が行われる。こうして農家自らが工場と連動してイノベーションを起こすことにつながる。これを地域で求められている自力更生と言うのではないか。

内発的発展論では具体的な数値での検証が行われてこなかった。ものづくり産業の具体的な数字を示すことにより、自力更生とは広大な農地と商品生産工場が一体となった広域による取り組みでないと実現できないことが見えてくる。この中量生産の土地利用型地域ビジネスへの投資が内発的発展論を達成するために必要である。

⑥自力更生の広域化により見えてくるプッシュ型支援

粗放農業の広域化や集積を、地域ビジネスにつなげる新たな地域づくりが求められている。農協が行ってきた同一農産物の生産（産地化）と系統出荷の構造を再構築することと似ている。しかしその主体は農協ではない。農協には、リスクを背負いイノベーションを決断できる当事者がいないためだ。農村集落にイノベーションが必要である。農村集落が変わらなければ補助金による試行錯誤が終わると破綻するのは地域ビジネスも従来の補助事業と同じである。

ここを再考する必要がある。

本書は長老組織の固い結束の組織では、これ以上イノベーションは起きないと指摘した。農村集落の存続には赤信号が灯っていると言わざるを得ない。農村集落が地域ビジネスにおいて自力更生できないのであれば、集落間連携に視点を移し、広域での空間管理を考えてゆく必要がある。広域的な視点にたった内発的発展を考えるのだ。しかしこれには問題がある。広域での議論はボトムアップではなくトップダウンであると指摘される可能性があるからだ。

農村集落の存続は緊急の要請である。災害時に国が被災した都道府県からの具体的な要請を待たずに、避難者への支援を行うことをプッシュ型支援と呼んでいる。ここは内発的発展論をベースとするものの、広域の視点に立ったプッシュ型支援への転換を図ることを意味している。しかしこれは、緊急的な対応であり国からのトップダウンとはならない。

しかし、いきなり地域に大企業が入ってくるような飛び道具的な展開であってはならない。やはり地域に存在する地域ビジネスの延長線上での合意形成が必要である。それも長老組織のみで決めるのではなく、外部から招聘したリーダーや地域住民、移住者を入れた多様な参加者を得て会議が行われる必要がある。

今必要なのはフォアキャスト(計画)ではない。バックキャスト(未来へ向かう具体的なシナリオ)をつくり、地域ビジネスによるむらつなぎを議論することだ。この仕組みを構築するなかで見直さなければならないのは国の責務である。国の直接的な投資が必要である。国の直接的な投資により、広域の農地を維持できる産業の設備投資を中心としたハード事業を実施し、地域はイノベーションを起こせるソフト事業で生きるのだ。それが日本の未来も切り拓く。

7 他者への依存や従属を峻拒する人たちをどう雇用するのか

一方、土地利用型地域ビジネスは純然たるものづくり産業である。適正規模の農業を営む農家や非競争性の特性を持つ若者たちは、単純にものづくり産業に従事しないのではないか、との疑問が湧くだろう。西川(1989)は、ものづくり産業のような会社に雇用される人を「経済人」と言い、「内発的発展とは、他者への依存や従属を峻拒する人間、または人間たちの発展のあり方」と定義している。福島県只見町の農家4人が酒造の専門家を経営人材として迎えた合同会社ねっかは、米作りが終わった後に酒造りを始めている。地域を担うという大きな使命感を持ち、意義を感じながら、雪深いこの地で夢中に働いている。合同会社ねっかが示す地域を守るという社会的価値、木次乳業が受け継ぐイノベーションを起こすという理念、こうした意義から考え、われわれは働くのだ。これは従属する働き方ではない。

⑧ 内発的発展でもイノベーションが必要だ

今、地域おこしで行われている少量生産から中量生産の土地利用型地域ビジネスへの転換が求められている。しかしこれは、宮本憲一が言っているように（鶴見、川田、1989）、外部の大企業に依存しているものではなく、住民自らの創意工夫と努力によって産業を振興する延長線上にある。まずは長老組織からの後継組織の存在承認が必要であり、地域ビジネスは地域内需給に重点をおくことから始めるべきものである。地域で通用しないものは、全国市場や海外市場でも通用しない。宮本は「個人営業の改善に始まり、全体の地域産業の改善へと進み、できるだけ地域内産業連関を生み出す」と明記しているが、それはそもそもイノベーションのことである。

本書では地域内需要のみならず、大都市との連携、輸出に向けたノウハウの蓄積や販路開拓が重要であることを和牛肉輸出ビジネスなどの事例で示した。地域ビジネスの専門知識を有する経営人材が不在の地域は多いが、これは遠隔地にいる経営人材による現地のマネージャー等の遠隔指示により補うことができるとも述べてきた。土地利用型地域ビジネスによる自力更生にはリスクがともなう。しかし、とくに初期投資のリスクが回避されるのであれば、土地利用型地域ビジネスへの新たな経営人材の参入は増える。本書ではこれを投資と経営の分離として説明してきた。

したがって初期投資を肩代わりする国のハード事業への直接投資と、ソフトで生きる集落住民の育成は重要である。中山間地域等直接支払制度が２０００年（平成12年）から開始され、すでに20年が経った。成果には重みがある。しかし、この20年間、担い手が入れ替わっていない。今、担い手は70歳、80歳に到達している。頑張れと言っても限界がある。集落は危機的な状況にあるとの認識から、国が主導するプッシュ型支援を行う必要があるのではないか。このため国主導で複数集落が集まり広域的な視点に立つ話し合いの場を設け政策形成を行うことが肝要だ。

水路・農道の管理活動、担い手はこの 20 年間で入れ替わっていない

2　国も適切なリスクを負い所得倍増を果たす仕組み

1 国はリスクを背負わないのだろうか

筆者は内発的発展の定義のなかで、国の設備事業への直接投資とソフトで生きる人材の育成は重要であることを述べた。限界集落といわれる地域は国民的経営で土地利用の維持が行われるべき地域である。そのためには国の関与は重要であり、それをプッシュ型支援で行おうと問題提起した。

宮城県で大企業であるアイリスオーヤマが農家に向け100億円近い投資を行った。土地利用型地域ビジネスは六次産業化による雇用創造に比べ遥かに大きな投資費用が必要であるが、果たして農家がこのようなリスクを背負う必要があるのだろうか（表8・1）。むしろ投資リスクを回避して、経営に集中できる事業領域を日本は開拓すべきではないかとも述べてきた。国は今まで、民営化を謳い、さまざまな事業を民間委託してきた。たしかにこれにより、国は事業の失敗のリスクを回避してきたとも言える。しかし、六次産業化などへの支援は多くの場合、実を結ばなかった。社会的価値の生産が各地で始まっている今、国は投資リスクを一部背負ってでも、この社会的価値を市場価値に変換する道を切り開くべきではないか。

② 地域の国民的経営とは何か

英国の経営学者マリアナ・マッツカートは、『ミッション・エコノミー』（2021）のなかで、「公的機関は自ら企業と組んで社会課題を解決しようとはせず、むしろ公的機関の民営化や外注を進めてきた。民間企業にリスクを負わせたつもりが結局納税者に負担を負わせ、一部の企業が儲けてリスクは社会が負うことになる。大切なのは、組織運営手法のイノベーションに投資し、外向きには長期的な生産性の向上に投資することだ」と主張している。

国がリスクを背負い「組織運営手法のイノベーションに投資せよ」という主張は地域ビジネスへの国の直接投資に関する提言であるとも解釈できる。筆者は国がハード事業に投資することで、逆に外部からソフトで生きるリーダーが出現し、彼らが中心となりイノベ

表8・1　本書で登場した土地利用型地域ビジネス（まとめ）

事業名称	生産品目	粗放的管理面積（ha）	投資額（億円）
牧場クラスター	放牧、和子牛	100	10
受精卵ビジネス	受精卵、和子牛	125	2
和牛肉輸出ビジネス	和牛肉（輸出）	220	10
農地粗放的管理ビジネス	和子牛（放牧）	50	1
大豆ミートビジネス	大豆ミート	50	4
米焼酎ビジネス	酒類	30	0.5
農家独自流通ビジネス	野菜、果実	50	1
カット野菜工場	カット野菜	100	3.5
精米工場（4万2,000ton）	コメ精米	8,000	84
パックライス工場	パックライス	300	30
野菜温室	野菜	7	34

（資料：筆者作成（投資額は筆者の推定））

ーションを起こすことができると提言している。日本の地域はイノベーションで生きることを表明することが重要である。

これは内発的発展論でいう他律的、支配的発展ではない。農村集落の危機的状況を見て、土地利用型地域ビジネスが必要であり、それは広域での合意形成をへて、プッシュ型支援が求められるということだ。国は年間数百億～千億円の予算を確保し、1件当たり数億～10億円の起業資金を特別目的会社の株式として持つということも考えられるのではないか。

国土交通省は、「国土の管理構想」（2021年）において、「これまでと同様に労力や費用を投下し、国土を管理することは困難であることを前提に、国土の国民的経営、国土管理にかかるコストの適切な分担を」と一歩進んだ提言をしている。国の直接投資は、国民の理解のもと国民的経営を行うことと同義である。中心支配圏と周辺従属圏に二分されることはない。共生、分かち合い、相互依存が求められる都市と地方の生き方の実現である。大都市の成長や競争が今後も続くのであれば、非競争の地方が、日本の深い懐となりえる。食料供給、人材交流、教育などは、国民的経営のなかで行われることが重要である。

③ 所得倍増策（その1：農家の農工兼業）

先述の大豆の粗放栽培約37haと年間大豆ミートを約50ton製造できる工場（総事業費4億円）の事業収

支計画をもとに所得倍増の考え方を示す。

事業収支計画とは事業の収入と支出を想定してその収支をおおむね10年間にわたり算出したものだ。民間企業の投資で、投資金額がいつ頃回収できるかを長期的視点で見定めることに使われる。収入には、製造した商品がいくらで販売できるかの予測が書いてある。支出は、その商品を製造するために、原料費や人件費がいくらかかるかを予測するだけではなく、建物や機械の減価償却費の計算があり、これに基づき公租公課（固定資産税）が毎年どれくらいかかるかを計算している。融資があれば利子の支出は経費扱いであるが、融資の元本返済は収支を差し引きした利益の中から返済されるものと位置づけられている。

ここで、民間投資と国投資の違いを見てみよう。民間投資では、工場内で働く従業員が人件費に該当する。農家の労働費は原料購入費に含まれる。本書では、国投資が行われるのであれば、経営人材が富を独占するのではなく、従業員も原料を供給する農家も土地利用型地域ビジネスの収益を相応に配分すべきであると提言している。また国の直接投資であれば、減価償却費、固定資産税、利子はかからない。ただし、国の交付金以外の通常融資に相当する金額を国投資部分と想定しているが、この元本返済は賃料により行われることとする。国がリスクを背負うとは、この元本返済のリスクのことである。

このような条件のもと、単年度の収支計算を行った。その際、想定すると民間投資の人件費は、

表 8・2　4 億円の民間投資事業と国投資事業の比較（単位：万円）

項目	民間投資	国投資	備考
収入計	7,257	7,257	約 1,450 円 /kg で販売
原料費	1,736	699	農産物は自社生産、調味料等は必要
包装費	36	36	
光熱費	2,100	2,100	
人件費	**2,000**	**3,600**	**人件費総額は約 1.8 倍増 地元に落ちる人件費（社長、営業委託を除く）は、約 2.8 倍増**
減価償却費	2,046	―	国投資では設備は借りているので経費計上されない
公租公課	320	―	同上
利子	130	―	同上
賃料	―	815	国投資の場合、民間投資の元本返済相当額を賃料と想定
支出計	8,368	7,250	
収支	− 1,111	7	税引き前利益に相当
法人税	7	7	民間も赤字決算のため法人税は最低額
減価償却費	− 2,046	―	減価償却費は現金支出ではないので繰戻す
元本返済	815	―	初期投資 4 億のうち半分は国の補助金で賄っていると仮定。約 25 年で返済
再合計	113	0	手許に残る現金。 民間投資の場合は株主配当等、国投資の場合はイノベーションのための資金等

（資料：筆者作成）

表 8・3　民間投資事業と国投資事業の人件費内訳

民間投資				国投資			
項目	数量（人）	単価（万円）	金額（万円）	項目	数量（人）	単価（万円）	金額（万円）
社長（遠隔操作）	1	600	600	社長（遠隔操作）	1	600	600
工場	3	300	900	工場・農業	5	500	2,500
営業（委託）	1	500	500	営業（委託）	1	500	500
合計	6		2,000	合計	13		3,600

（資料：筆者作成）

1700万円、国投資は4100万円と想定した。民間投資の工場で働く従業員は3人と想定した。国投資は工場労働と農業を兼務することとし5人と想定した。1人当たりの年収を民間が300万円と想定し、国投資は500万円とした。ただし後者では従業員が農業者として粗放農業に従事することで無料の原料大豆も入手できると考え、原料費の購入の一部を減額した。事業収支の詳細を本項では述べないが、民間企業では収支は当初は赤字である。ただし初期投資のうち半分は国の補助金で賄っているため、減価償却費に比べて元本の返済は少なくキャッシュフローはかろうじて黒字をとなる。とはいえリスクを考えると投資に見合うとは言いがたい。

一方、国投資の場合も、民間投資と同様の元本返済を賃料として支払うと、収支はほぼトントンとなる。

50haの大豆の粗放農業は、大型機械の導入や石抜きなどの経費が掛かるが、粗放的農業のため、播種、収穫作業以外は大きな作業はともなわない。このため5人の従業員の兼務によって50haの農地が維持できる。以上の条件を踏まえて、民間投資と国投資の単年度収支を表8・2、その人件費の比較を表8・3に示す。

[4] 所得倍増策（その2：地方公務員の1か月12日勤務の勤務体系の確立）

70代のキウイフルーツを栽培する農家の話を聞いた。この農家は親の代にみかんがどん底の時代があり、進学が決まっていた大学への入学を諦めたという。農業が続けられる仕事がこのまちにないかと探していたら、消防署の救急隊があることに気がついた。1日24時間勤務で翌日は休みの1か月12日という勤務体系であった。24時間勤務は大変であったが、休みの時間を使ってみかん畑をキウイフルーツ畑に変える農作業を行った。キウイフルーツの棚は自分で製作した。救急隊や救助隊では体力が求められたが、これが農作業にも役立った。現在、キウイフルーツ畑1丁2反（1・2ha）を所有している。農協による畑の評価は高く、キウイフルーツの等級も最上級のため1反当たり200万円、合計2400万円を稼いできた。まさに地方公務員と農業との兼業の成功事例である。

一般の地方公務員もこのキウイフルーツの農家のように1日おきの勤務体系にできないのだろうか。

ラスパイレス指数という指標がある。国家公務員の月額給料を100として、地方公共団体の一般行政職の月額給料を同一の基準で比較したものである。ここで注目されるのが、大分県姫島村のラスパイレス指数が70であり、全国最下位であることである。姫島村は昔からラスパイレス指数70程度を維持し、ワークシェアリングで有名なところだ。旧自治省の定員管理指導には従わず、人件費の総額での管理を信念として貫いている。できるだけ多くの職員を雇用し、衰退する水産業などの地域ビジネスに力を入れている。島根県海士町もラスパイレス指数は75程度であり、半官半Xを進めている。筆者は限界集落を抱える市町村では、地方公務員が、本人が望むのであれば、半官半Xで農村集落を支える地域ビジネスに参入して、地域ビジネスの核をつくる道を実現すべきと考える。

五島市久賀島の畑田氏が18歳の時に融資を受けて牧場を建設したことは本書で説明した。その後、15年間をかけて融資を返済し、その結果、畜産業が地域を担う産業に成長したことを考えると、大金を融資してもらい地道に返済することは、地域の中核的な産業をつくるために有効な手段と言える。地方公務員や農協職員は若い頃から地域住民の助けを借りながら、融資を受け、中量生産規模の土地利用型地域ビジネスの核をつくって欲しい。そのために人事異動や国や都道府県の派遣を極力避ける地方公務員向けの新たなジョブ型雇用を検討すべきだ。

給与の低下をともなう短時間勤務ではなく、たとえば週休3日制の導入を行うことも有効な手段だ。２０２３年に人事

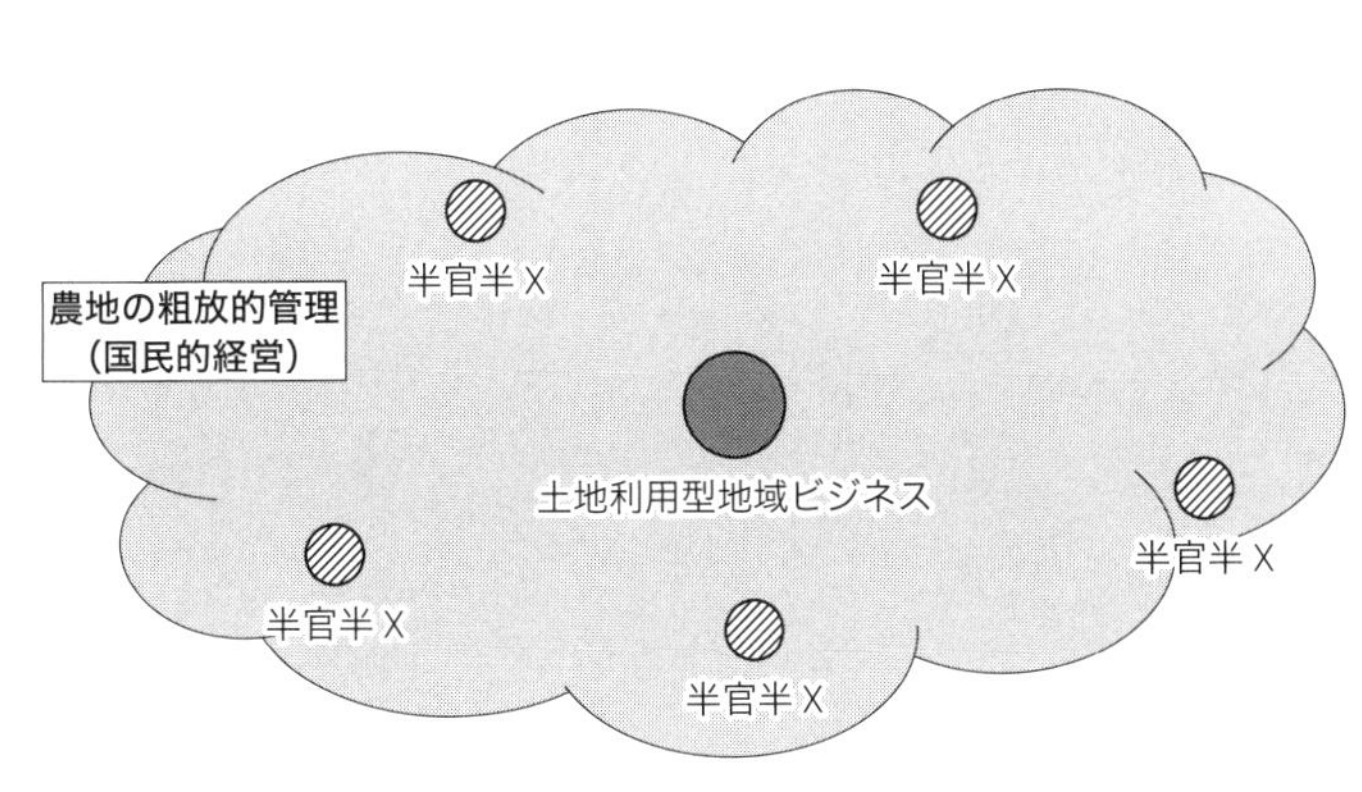

図8･1　地方公務員、農協職員による半官半Xの考え方（資料：筆者作成）

院は国家公務員に対して、週休3日の働き方を可能とするよう、内閣と国会に勧告した。この動きは地方公務員にも波及するだろう。市町村の試験的運用もすでに始まっている。週休の期間中に比較的大きな農業に地域住民とともに取り組んでみてはどうか。農業の範囲内であれば申請を行うだけで、個人収入として認められている。もちろんこの兼業に関して法律改正も必要ない。

これにより、地方公務員も農協職員も所得の倍増を図ることが肝要だ。国直接投資の土地利用型地域ビジネスだけではなく、中量生産規模の半官半X型の地域ビジネスが各所で生まれてくることで農村集落は自律更生を取り戻すことができる（図8・1）。

5 国が都市と地方との賃金格差の縮小に直接的に寄与する

人口の減少は予測しうる日本最大の危機である。戦後復興やその後に続く高度経済成長期と同様にしばらくは国が牽引し、社会的価値の生産に関するイノベーション資金を投下すべきだ。これにより、地方において社会的価値を創出する仕組みをつくるのだ。また、土地利用型地域ビジネスの初期投資のリスクは国が負うのだから、収益は公平に分配することができる。これにより、都市と地方との賃金格差の縮小に寄与することができる。

日本には、国が直接的に関与する事例がある。沖縄科学技術大学院大学（OIST）は国の直接的関与により、社会的価値の創出に成功している。また、有人国境離島法は、個人の財産に直接的に助成し、大きな成果を上げている。土地利用型地域ビジネスの創業と適正規模の農家の集積をこの二つの制度を組み合わせることで実現できる。次節でその仕組みについて説明する。

3　毎年数十億〜百億円の予算枠でむらつなぎは実現できる

1 沖縄科学技術大学院大学の運営費は一括交付金から拠出されている

国の直接的な関与の代表例は沖縄科学技術大学院大学（OIST）である。同大学は内閣府認可の私立大学であり、内閣府から官僚を派遣して運営に当たっている。2023年度内閣府沖縄振興予算および交付金（一括交付金）の予算総額2679億円のうち、同大学の関連経費は196億円となっている。毎年総予算の7％程度の予算を活用して国が直接投資を行い管理している。この結果、ネイチャー誌が発表した世界の研究機関ランキング第10位に入るとともに、学長がノーベル賞の審査委員を務め、さらにノーベル賞受賞者も出した。まさに、国の直接投資により日本の社会的価値の創造に大きく貢献している成功事例である。

ちなみに同大学は5年間の学際的な博士課程のみの大学院であり、英語が共通語となっている。

学生は全員リサーチアシスタントシップ扱いで毎年300万円が支給され、このなかから学費60万円を支払い240万円の生活費を確保し研究できる環境にある。入学の競争率は10倍を超える。1学年は30～40人であり、日本人はこのうち5～6人と15％程度である。教員の大半は外国人であり、学生の大半が中国人とインド人である。なぜ日本人がいないのかと言えば、博士課程の大学院生たちは国内大学の教員志望が多いが、同大学の外国人教員には教員職を学生に紹介する人脈がないからである。

教員の研究室は分野横断的に異分野を隣り合わせて配置（沖縄科学技術大学院大学）

廊下沿いには小会議スペースが数多く設置されている（沖縄科学技術大学院大学）

② 有人国境離島交付金は地方創生交付金から拠出されている

地方創生事業が、地方自治体が主体となった仕事づくりであるのに対して、有人国境離島法は地方自治体を介するものの民間事業者を対象とした仕事づくりであることが、最大の特徴である。災害時や失業者、生活困窮者に対するセーフティネットといわれる個人への支援はあるが、まちづくりにおいては国は個人の財産に直接助成してこなかった。しかし個人財産に対する支援を初めて行ったのが有人国境離島交付金である。個人や会社を支援対象とし、それも3／4助成という大盤振る舞いで、また、島民に絞らず、島外企業にも門戸を広げ、島民の島外事業も対象としている。これにより島嶼部の各所に事業所が誕生し、イノベーションが生まれた。この結果、長崎県五島市の2018年の有効求人倍率は0・25から1・68まで飛躍的に上昇した。

土地利用型地域ビジネスに該当する事例を見ると、東京都の八丈島では、八丈島乳業株式会社が牛乳の増産体制の整備に交付金を活用した。また生産した牛乳を使って乳製品の開発も行っている。新潟県の佐渡島では、株式会社北雪酒造が、農業部門を新設し、地域の農家と連携した酒米を造り、この酒米により清酒を製造した。また、甘酒生産のための設備を導入し、甘酒の商品化も行った。

2022年度の特定有人国境離島地域の地域社会維持関係等の予算化のポイントを見ると、民間事業者等による創業・事業拡大のための設備投資資金、運転資金への支援（重要な取り組みは最長5年支援）があり、デジタル田園都市国家構想交付金（地方創生交付金）について、特定有人国境離島地域向けに配分目標額を設定し、申請事業数の上限等の要件を他の地域に比べ緩和することにより活用を促進し、国費24億円を予算化している。

国はこういう制度であれば、地域の経済浮揚ができるという経験をしたわけで、これを適正規模農家の育成や半官半Xの起業にも使えば、成功するとの確証となっている。これは、地方自治体をとおした産業浮揚策より民間個人や地方公務員個人、農協職員個人の半官半Xに託したほうが早いということだ。

③新たに予算を増やさなくてもできる

沖縄振興開発（一括交付金）の2679億円や地方創生交付金として毎年度予算化される1千億円の枠のなかで、農地・農村維持のための交付金枠を創設することで国の直接的な投資はできる。これにより社会的価値を創出し、所得配分の適正化を図り、地方の所得向上に寄与することができるのではないか。新たな予算を増やさなくても、農地・農村の維持はできる。どうすれば実現に近づけるのか。これは政治的判断によることを付け加える。

④広域農地粗放的管理特区の創設

粗放農業をはじめ、農地の粗放的管理による農地・農村の維持を実現するために広域農地粗放的管理特区の創設を提言する。

株式会社NOTEの誕生の契機をつくったのは、県庁職員の空き家への興味から生まれた空き家の流通に関する実証実験であった。アイリスオーヤマの会社の標語は「アイラブアイデア」である。彼らはユニークかつ斬新なものに強力な支援をして、自分たちもイノベーションで生きている。いかに次のイノベーションを誕生させられることができるかが大企業でも地域にとっても大きなテーマである。

そこでまず地方から農地の粗放的管理（粗放農業）のアイデアを求めてみてはどうだろうか。そのアイデアに基づき、社会実験で実証する。そのため国が必要な規制緩和や直接投資を行う。

国の直接投資となると各地域間での交付金の争奪戦になるのは明らかである。全国50か所程度を目途に、それも10年という期限をもって、毎年3～5か所程度を選ぶ。毎年50億程度の枠を確保し、1か所10億から15億を10年間をかけて交付する。広域農地粗放的管理特区を創設し、実証実験を積み重ねる。

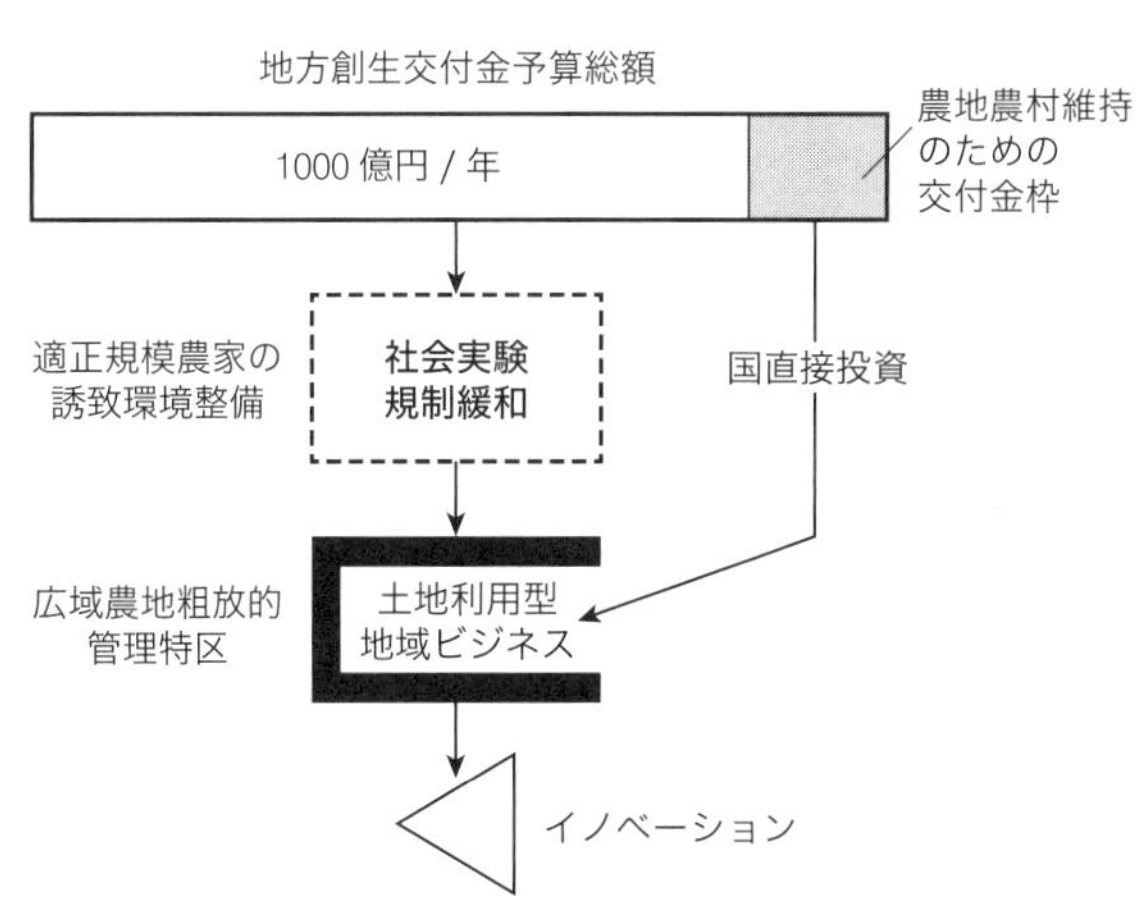

図8･2　農地・農村維持のための交付金枠と特区創設のイメージ（資料：筆者作成）

50か所がそれぞれ異なる土地利用型地域ビジネスを行うことが肝要である。そのために経営人材、後継者、適正規模農家の集積、市場開拓、輸出などを図るため3年間程度の組織組成や後継者の存在承認に関する助走期間を設ける。

農地・農村の維持のための交付金枠と特区創設のイメージを図8・2に示す。適正規模の牧場クラスター、受精卵ビジネス、和牛肉輸出ビジネス、粗放農業ビジネス、大豆ミートビジネス、米焼酎ビジネス、小さな消費者団体ビジネスなどの起業を目指すが、起業や施設の完成がゴールではない。土地利用型地域ビジネスの次のイノベーションを起こすことがポイントである。このイノベーションの連鎖により、日本が生き残りを図ることが、最も重要な使命である。

⑤ 広域農地粗放的管理特区実現に向けたスケジュール（10年間）

広域農地粗放的管理特区を実現するためのスケジュールを提示する。おおむね10年間のスケジュールである。人口減少により疲弊する地域であり、複数の団体、組織が採択のために競合することはないのではないか。適正規模農家の誘致環境整備と地方公務員・農協職員の働き方改革と土地利用型地域ビジネスとの兼業化の事例が増えるなかで、地域の強みも分かり、根拠を持った業務領域への投資選択が5〜8年度頃に見えてくるのではないか。逆に前半の投資事業で次の方向性が見えないのであれば、2回目以降の投資は断念すべきだろう（表8・4）。

表 8・4　広域農地粗放的管理特区実現に向けたスケジュール（10 年間）

年度	事業項目	概要
3 年以内	存在承認 弱いつながりの組織の組成 社会実験、規制緩和	長老組織からの存在承認（草刈り） 長老と継承候補者たちのお遍路（散歩） 弱いつながりの組織の組成
特区認定	特区申請	農地の粗放的管理手法 弱いつながりの組織による農地管理実験
5 年以内	肉用牛による農地の粗放的管理と収益の住民への配分	金融機関との ABL 融資の協議 電柵の設置、子牛の購入、放牧管理、売買益の基金化および収益の住民への配分
	適正規模農家の誘致環境整備	適正規模の牧場適地の抽出 地権者との協議、集約化 適正規模農家の誘致
	地方公務員・農協職員の働き方改革 土地利用型地域ビジネスとの兼業化にかかわる規制緩和	土地利用型地域ビジネスへの参入を目指す週休 3 日職員の募集 兼業職員と協働する住民との話し合い
8 年以内	国投資による土地利用型地域ビジネスの起業	広域長老組織からの存在承認を得た継承者による地域ビジネスへの進出計画の策定と実施
	国の直接投資と経営組織の分離	経営人材の招聘 経営人材を中心とした経営組織化
10 年後	イノベーションの創造	土地利用型地域ビジネスに関するイノベーションの連続的な創造

（資料：筆者作成）

土地利用型地域ビジネスは新たなイノベーションをつくるが、最大20年間で使命は終わる。起業する当事者が、当時若くても20年も経つと高齢化する。新たなイノベーションは次世代の後継者に期待すべきである。その頃に新たな後継者の存在承認と国の新たな投資が続く。このむらつなぎの全体像をわれわれは理念として理解すべきである。

4　むらつなぎ実現のための方策

●すべての集落の維持・活性化は不可能である

すべての集落や農地を維持・活性化しようという従来の目標は達成不可能である。しかし、国土保全の観点からも、農地の荒廃は放置できない。

ムラの空洞化が顕在化した段階が土地利用型地域ビジネスによる「むらつなぎ」へ一歩踏み出すチャンスである。

●なぜ広域の集落に対してプッシュ型支援を行うのか

農村に現にある地域ビジネスは、高齢化や後継者不足、米価の低迷などにより限界を迎えている。しかし、固い結束の長老組織からはイノベーションが生まれない。これは、地方の自己破壊につながる。農村集落は破綻の危機にある。集落は危機的な状況にあるため災害時に国が発動するプッシュ型支援を用いるべきである。それも農村集落を束ね広域的な視点でのプッシュ型支援を実施する。

広域的な組織をつくる段階が、弱いつながりの組織をつくる絶好のチャンスであり、多様な関係者と投資を受け入れるタイミングである。弱いつながりの組織が、地域ビジネスに関するイノベーションを決断することが農村集落の維持につながる。

●なぜ土地利用型地域ビジネスに国の直接投資が必要なのか

地方はイノベーションが不足し、まさに自己破壊（コンピテンシー・トラップ）に陥っている。集落の住民の多くは高齢化しており、融資を受け土地利用型地域ビジネスを起業することはできない。大企業からの投資を受け、企業も農家も新たなイノベーションを起こす事例もあるが、住民が従属的な関係となるのであれば、それは好ましい地域活性化の方向とは言えない。大企業に依存しないのであれば、国が投資を行う以外に地方の破綻を防ぐ方法はない。

イノベーションのための資金を国の責任において投資し、土地利用型地域ビジネスの創設に関するリスクを削減することで、外部からの経営人材の招聘のハードルは低くなる。広域の集落住民が、土地利用型地域ビジネスの運営というソフトに集中することで、日本がソフトで生きることを推進できるのである。またそうした資金援助を得ている以上、土地利用型地域ビジネスは、次のイノベーションに向けたリードタイムを短縮すべきである。

●社会的価値の生産とは何か

適正規模の牧場経営は、非競争性を持った若い移住者との親和性がある。放牧、脱炭素、フードマイレージ、動物福祉、濃厚ではない牛乳、パスチャライズ牛乳、適正規模の農業などの価値は生産者のみならず、消費者を含む社会全体で共有することにより、社会的価値となる。土地利用型地域ビジネスは適正規模の農業経営を支える存在として機能する。土地利用型地域ビジネスは社会的価値を理念、設計、デザイン、関係性などによって積極的に見える化する。この見える化が社会的価値を市場価値に変換する重要なエンジンとなる。社会的価値の生産を継続することにより、イノベーションは継続できる。

●長老組織による後継者の存在承認

長老組織は、若い移住者に対して、地域ビジネスの継承ができず苛立っている。集落の存続に向けた意思決定は長老組織だけでは選択肢が限られ難しい。長老組織は固い結束の地縁、血縁組織から、イノベーションを起こせる弱いつながりの組織への解組が必要である。

一方、新規就農者が後継者として地域ビジネスを継承するためには長老組織からの存在承認が必要である。存在承認がないまま、長老組織から後継組織への地域ビジネスの継承は行われない。草刈り、出役への参加、長老組織から見える勤勉な勤務姿勢などは存在承認に必要な活動である。長老組織は後継組織の活動を見ており、存在承認があって初めて地域資源を活用した土地利用型地域ビジネスは開始できる。

●弱いつながりの組織とは何か

弱いつながりの組織は、住民、外部から招聘した経営人材、外部からの遠隔指示で動くマネージャー、専門家、後継する若者、（理念を発することができる佐藤忠吉氏のような）哲学者、建築家、デザイナー、ＩＴ技術者、コーディネーター、投資家などの多様な関係者で構成される。

長老組織は、弱いつながりの組織への存在承認を行い、プロジェクトに協力する。

●国の投資以外に必要な支援とは何か

農村集落や森林の土地登記謄本を見ると、土地の継承者が都会に住む子息となっている事例が増加している。またこの子息も高齢化しており、都会に住む子息の子どもたちが、土地を分筆し、所有する事例も多い。地域で生業を営む経験を持たない世代にバトンタッチされている。また、外国人所有の土地も増加している。農地や森林の所有権が拡散する前に一団の土地として集約することが求められ、この権利調整を支援することが必要である。

本書ではこれを集落版ＲＥＶＩＣ（地域活性化支援機構）と仮称する。集落版ＲＥＶＩＣは、土地の権利調整、固い結束の長老組織から広域的な弱いつながりの組織組成への支援、遠隔指示が行える経営人材の紹介などを支援し、むらつなぎを実現する。

●土地利用維持法人とは何か

農地・農村は日本の大切な資産であるため、土地利用維持法人を創設し、土地利用型地域ビジネスが使用する農地・農村の資産を管理する。土地利用維持法人は国が投資したハードの所有者として資産を管理するが、農地の所有もできる。借地であっても賃貸契約の主体となれる。農地中間管理機構（農地バンク）などの力も借りて地権者とつながっていく。地権者には、適正価格で借地料を支払う。

●適正規模の農家はなぜ集積が必要なのか

土地利用型地域ビジネスが食品工業であれば、内発的発展論を踏まえ、中量生産規模の生産工場となる。大量生産や少量生産とはならない。しかし、適正規模の農家が生産する農産物は少量生産である。このため、適正規模の農産物の集積により、中量生産を確保する必要がある。これが適正規模農家の集積が必要な理由である。

　農協が行ってきた系統出荷と変わりはないが、農産物の出荷の先にあるセリ市での価格決定ではなく、生産者側が価格を決定する農産加工品であることがポイントである。生産工場が中量生産であるため農産加工品は消費者に受け入れられる価格設定にすべきである。生産工場は従属的雇用ではなく、自らの手により農産加工品のイノベーションを繰り返すことが必須である。

●なぜ投資と経営の分離が必要なのか

外部から招聘する経営人材が、投資の返済という責務まで背負い地域を支えることは考えにくい。逆に投資リスクがないのであれば、土地利用型地域ビジネスに参入する経営人材は多い。経営人材はバトンタッチすることも可能である。投資と経営を分離することにより、経営に特化したスペシャリストが力を発揮できる。国は設備投資といったハード事業に投資することで、経営力を発揮できる人材を地域に呼び込む土台をつくることが、ソフト事業で生きる日本の将来像に合致する。このため投資と経営を分離することが求められる。

なお、国営企業（公共企業体）だった旧日本電信電話公社は民営化され日本電信電話株式会社（NTT）となった。バブル期において、NTT株が売却され、株価が高騰した。NTT株式売却益の活用は「無利子貸付」の形態が採られたが、この融資はことごとく失敗した。なぜ失敗したのかと言えば、危機感がないからである。土地利用維持法人は国による投資が行われるが、運営に関しての融資は民間側の責任によってなされることが当然であり、融資返済による当事者意識や危機感の醸成は重要な要素であることは付け加える。

●経営人材とオペレーションはなぜ分離できるのか

土地利用型地域ビジネスの経営人材が集落に存在することは少ないので、経営人材は外部から招聘するが、地域ビジネスのマネージャー候補は集落に多く存在する。会社を定年で退職し、地域に戻り活動する住民が多く存在するからだ。経営人材とマネージャーとは結束して地域ビジネスの運営を行うことで、経営人材がその地域に定住せずに遠隔指示で経営を行うことができる。

●所得の再配分はどのような形で行われるのか

土地利用型地域ビジネスに必要な施設が国の直接投資により整備されるのであれば、事業に固定資産税の支払いが不要である。投資リスクの多くを国が負い、利子返済もないなかで、民間企業が運営で得た所得は、経営人材や株主に集中的に配分すべきではない。経営人材、従業員、原料を供給する農家などに報酬として再配分することが責務となる。

また、地方公務員の働き方に関する法律改正を行う。具体的には、地方公務員の勤務体系を1日おきにすることで地域ビジネスへの従事を活発化させることがポイントだ。ここで得た農業収入は、現行法でも認められる範囲である。地方公務員の給与と農業所得を加算することで給与額の増加を図ることができる。

これにより、都市と地方の所得格差を縮小する。国は非競争性を持った若者の是認だけではなく、彼らが関与する社会的価値の創造を日本の競争力として育成する必要がある。

●まとめ

本書で行った今までの考察を踏まえ、図として統合すると図8・3のとおりとなる。このような関係を形成してゆくことにより、農地・農村維持は可能となる。

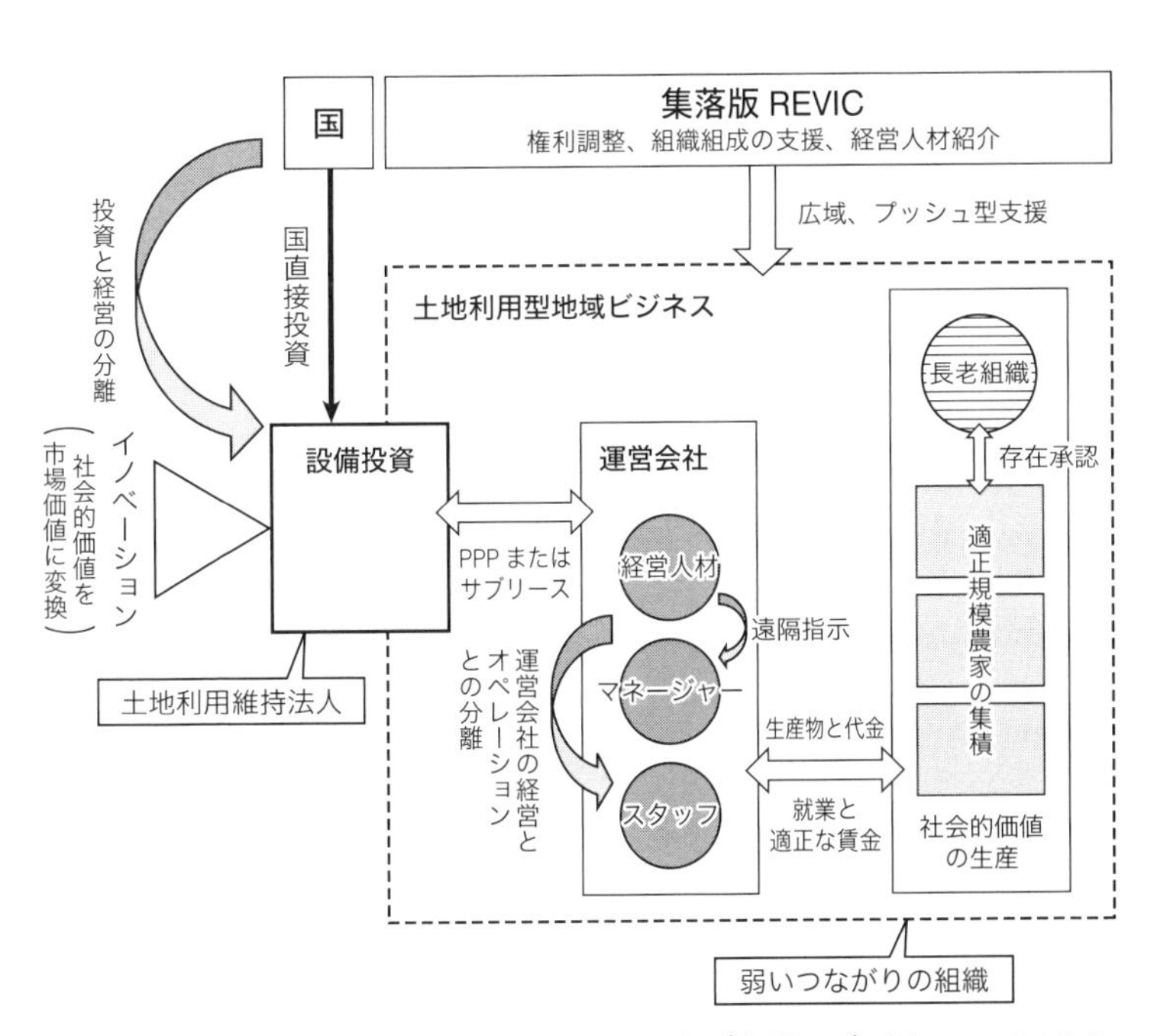

図8·3　土地利用型地域ビジネスによるむらつなぎ実現モデル図（資料：筆者作成）

あとがき

筆者は適正規模化を志向する若い新規就農者の意見を追いかけてきました。彼らは成長、大規模投資、大量生産を志向する従来型の酪農家、肉用牛繁殖農家とは異なる志向を持っていました。非競争性という志向です。

2023年7月に国立青少年教育振興機構がまとめた『高校生の進路と職業意識に関する調査報告書―日本・米国・中国・韓国の比較』の調査結果を読みました。この調査では注目すべき結果が出ています。仕事や生活に関する意識において、日本の高校生は、「暮らしていける収入があればのんびりと暮らしていきたい」が、49%であり、米国(42%)、中国(29%)、韓国(36%)と比較して最も高い数値を示しているのです。「社会に役に立つ仕事をしたい」「仕事よりも、自分の趣味や自由な時間を大切にしたい」も同様に最も高い数値を示しています。日本は非競争性の特性を持つ世代の後を継ぐ高校生においても、非競争性を特徴とした若者が育っている証拠ではないでしょうか。

バブル崩壊により就職氷河期世代が生まれ、この世代を起点に、終身雇用、年功序列の安定した仕事に従事することがすべてではないという意識を持った後継者が生まれています。長期的な人口減少社会のなかで、日本のすべての分野で競争だけを続けることが果たして良いことなのか、もっと違う生き方があるはずだという大きな流れは必ずやってきます。そして、こうした動きに親和性を持つ若い世代がすでに日本に生まれているのです。日本が受けたバブル崩壊という経済的なショックは、日本人の心の深層部にまで影響を与え「失われた30年」となってしまいました。しかし、日本は「瓢箪から駒」や「怪我の功名」や「思惑倒れ」といった創発を繰り返すなかで、偶然にも素晴らしい後継者を育てていたわけです。

とはいえ競争ばかりを強調する社会にウンザリして別の生き方をしている人たちが、再び競争社会に引き返すことはあるのでしょうか。地域ビジネスとは言え、会社に従属することを選ばないのではないかという疑念があるでしょう。ここは、大切なポイントです。

岡山県美作市で草刈りをする移住者グループは午前6時から活動を開始し、午前8時には解散します。彼らが兼業によって生きていることは紹介したとおりです。しかし、みな20〜40代の独身の若者です。結婚し、子どもが生まれるとなると、兼業で稼ぐ収入だけでは家族は養えない場合も出てくるのではないでしょうか。

地元出身の農林漁業者も生活費や子どもの教育費の捻出に苦労しています。久賀島のある漁師は中学校を卒業後、高校へは行かず漁師となられ5トン未満の小さな船で刺し網漁をして生計を立てておられました。息子二人は学校の成績がよく、将来を期待され日本のトップといわれる私立大学と旧帝国大学をルーツに持つ国立大学に進学されました。この漁師は子どもが島外の高校に入学し、大学を卒業するまで時化（しけ）のときも漁に出たそうです。

山内道雄らによる「未来を変えた島の学校」（2015年）には「島前高校が廃校になれば、島の子どもたちが自宅から通える高校はなくなる。寮や下宿生活に伴う仕送りなどの負担は重い。3年間、一人の子どもを本土の高校に通わせると400万円から450万円になるとの試算がある。家計には大きな負担で、経済的にゆとりがない家庭や、子どもの数が多い家庭ほど、島外に出てしまう」と書かれています。こうした現象は島嶼部だけではなく、山間部の遠隔地でも起きています。

地域で安定した生活を営めるのは、地方公務員、金融機関、新聞記者だけだと聞いたことがありますが、適正規模の農業や粗放農業を営む人が安定した生活が営めないのはおかしい。そのために筆者は土地利用型地域ビジネスを提唱しています。

雇用されること、従属性への嫌悪があるのであれば、いかに本人がワクワクできるか、意義を見付けられるかが大切です。

日本が持っている競争と非競争の二刀流は実は強い競争力を持っています。非競争性志向の人たちを競争社会に引き戻すのではなく、適正規模の農業や粗放農業の社会的価値を市場価値に変換することが必要なのです。市場価値に転換する地域ビジネス領域の開拓や深化は始まったばかりです。

なお、これはブランド化で稼ごうという話とは違います。ブランド化を否定するつもりはありませんが、ブランド化は競争社会のなかで勝ちにいくことを目指しています。本書で提案している土地利用型の地域ビジネスは、むしろ市場での不当な扱いを改め、望むなら子どもを育て、教育を受けさせることもできる程度の収入を確保できる道をつくることです。

農地・農村の荒廃だけではなく、所得格差が広がり、分断が深まっています。人口減少のなかで、価値の創造を個人頼みだけで行うことはできないでしょう。放置すれば紛争になりかねません。所得格差の拡大に歯止めをかけられるのは国だけです。土地利用型の地域ビジネスが日本全体の安定にもつながるのです。

国は、ムラの空洞化が始まった時点が地域ビジネスによる「むらつなぎ」のチャンスであると捉え、土地利用型地域ビジネスへのイノベーションに関与し、非競争性を持つ若者に着目し、彼らが活躍する場をつくってください。若者は

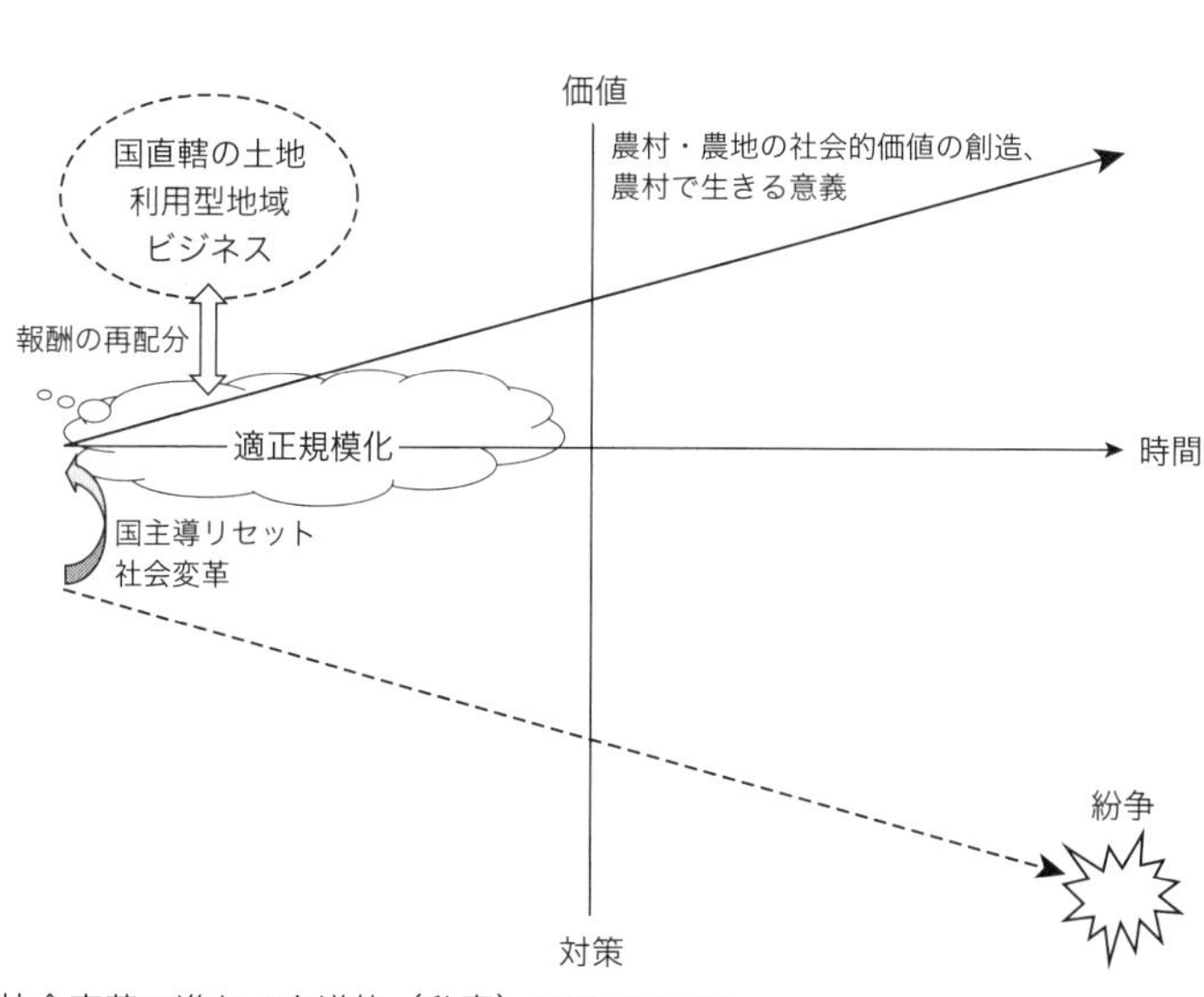

社会変革の進むべき道筋（私案）（資料：筆者作成）

後継者として現場で汗を流してください。その関係づくりが必要です。日本の農地・農村は非競争性の最先頭にいます。チャンスです。

筆者は実務家研究者です。大学の研究者が、学問的背景や知見に基づき、学術的な新知見を論考することで新たな理論を見出すのに対して、実務家研究者は、研究者の新しい理論を引き継ぎ、実行、達成、解決する手法を現場から組み立てるのが任務です。実務家研究者が、先行する理論をベースに地域の現場に具体的につないでゆく。研究者と実務家研究者が協働して、地域に研究成果を着地してゆくことが、これからのアカデミズムに求められます。筆者は、大学の研究者の理論や提言を引き継ぎ、まさに具体的に地域に成果を着地できる存在でありたいと考えています。

日本が持っている非競争性は、逆に強い競争力を持っているという書き出しから分かるとおり本書は競争論がベースとなっています。こうした競争論の視点を筆者に与えてくれたのが、経営学者の藤本隆宏先生（東京大学名誉教授）です。筆者がここにいるのは小学校の同級生である藤本先生をずっと見上げていたからです。藤本先生の前でいち早く本書の内容を話させていただきました。この本は限界集落に踏み込む新しい経営学の領域にいるのではないかと二人で話し合いました。藤本先生のおかげでここまで来られました。ここに改めて御礼申し上げます。

また本書は筆者の博士論文がベースとなっています。博士論文の指導教員である那須清吾先生

（高知工科大学教授）に改めて感謝申し上げます。那須先生からは大学の研究者と実務家研究者の役割に関して深い示唆をいただいてきました。

地域活性化センター常任顧問（前理事長）の椎川忍氏および明治大学教授の小田切徳美先生に本書の推薦文を書いていただきました。椎川氏からは筆者が地域の現場に入るなかで、多くの示唆に富むご指導をいただき、現在にいたっています。総務省の地域力創造アドバイザーや地域活性化センターのシニアフェローとして活動できるのは椎川氏のおかげです。筆者はまた、小田切先生の足跡を見つめ現在にいたっています。感謝申し上げます。

なお、「プッシュ型支援」の地域への導入の是非に関しては法政大学の図司直也先生にご指導いただきました。畜産業のイロハも分からない筆者に畜産業の現場でご教示いただいた鳥取県伯耆（ほうき）町の獣医師木嶋泰洋氏にも感謝いたします。木嶋氏からは、畜産業に関する多くの知見をいただくとともに、熱い情熱を持って、日々努力する姿を見させていただきました。本書を博士論文から読み物に書き替えるために、拙文を読み、貴重なご意見をいただき、あるいは、励まし続けていただいた大学の先輩である高橋文男氏にも感謝申し上げます。

最後になりますが、編集の力をまざまざと見させていただきました学芸出版社の前田裕資氏に感謝申し上げます。みなさま、ありがとうございました。

2024年3月　斉藤俊幸

【参考・引用文献】

荒木和秋（２０２０）『よみがえる酪農のまち足寄町放牧酪農物語』筑波書房
入山章栄（２０１９）『世界標準の経営理論』ダイヤモンド社
石塚裕子（２０２０）「地域内過疎地から考える「尊厳ある縮退」兵庫県上郡町赤松地区を事例に」『災害と共生』4（1）
岩間英夫（１９９１）「宇部鉱工業地域社会の形成と再生の要因」『人文地理』43巻2号
大野晃（２００５）『現代山村の限界集落化と流域管理』農文協
小野寺五典（２０２２）『低自給率の日本が「有事」に飢えないための備え』東洋経済オンライン
https://toyokeizai.net/articles/-/613694
小田切徳美（２００９）『農山村再生「限界集落」問題を超えて』岩波書店
小田切徳美（２０１３）「地域づくりと地域サポート人材―農山村における内発的発展論の具体化」『農村計画学会誌』32巻3号
小田切徳美（２０１５）「農村政策の展開と到達点：農政・国土政策は何を目指しているのか」『食農資源経済論集』66（1）
笠松浩樹（２００５）「中山間地域における限界集落の実態」『季刊中国総研』32号
作野広和（２００６）「中山間地域における地域問題と集落の対応」『経済地理学年報』52（4）
鶴見和子、川田侃編（１９８９）『内発的発展論』東京大学出版会
中洞正（２００７）『幸せな牛からおいしい牛乳』コモンズ
西川潤（１９８９）「内発的発展論の起源と今日的意義」鶴見和子、川田侃編『内発的発展論』東京大学出版会
林直樹（２０１０）『撤退の農村計画』学芸出版社
保母武彦（１９９６）『内発的発展論と日本の農山村』岩波書店
マリアナ・マッツカート著、関美和、鈴木絵里子訳『ミッション・エコノミー』NewsPicks パブリッシング
三友盛行（２０００）『マイペース酪農、風土に生かされた適正規模の実現』農文協
森まゆみ（２００７）『自主独立農民という仕事―佐藤忠吉と「木次乳業」をめぐる人々』バジリコ
山内道雄、岩本悠、田中輝美（２０１５）『未来を変えた島の学校』岩波書店
山下惣一（２０１６）「農の神髄は小農にあり」『現代農業』95（1）

斉藤俊幸（さいとう・としゆき）

地域再生マネージャー、実務家研究者、博士（学術）。

1955年東京都生まれ。芝浦工業大学工学部建築工学科畑研究室卒業、高知工科大学大学院博士後期課程社会人特別コース修了。

地域再生マネージャーとして地域に住み込み活動したことが総務省の地域おこし協力隊のモデルの一つとなり制度化された。買い物難民の存在を日本で初めて問題提起した。

6次産業化委員会（内閣府)、農福連携委員会（農水省)、有人国境離島委員会（内閣府）などの委員を歴任。近年は総務省地域活性化センターシニアフェローに就任し後進の指導にあたり、地域活性学会において実務家研究者の普及に努めている。

主な著書に『地域活性化未来戦略』(編著者)、『知られざる日本の地域力—平成の世間師たちが語る見知らん五つ星』(分担執筆)

[本書ホームページ]
https://book.gakugei-pub.co.jp/gakugei-book/9784761528928/

限界集落の経営学
活性化でも撤退でもない第三の道、
粗放農業と地域ビジネス

2024年 5 月15日　第1版第1刷発行

著　者　斉藤俊幸

発行者　井口夏実
発行所　株式会社 学芸出版社
京都市下京区木津屋橋通西洞院東入
電話 075－343－0811　〒600－8216
http://www.gakugei-pub.jp/
info@gakugei-pub.jp

編集担当　前田裕資

装　丁　ym design（見増勇介、鈴木茉弓）
印刷・製本　モリモト印刷

ISBN 978－4－7615－2892－8

斉藤俊幸推薦書籍

農村集落の撤退か、存続かについて、
理解を深めるために併読をお薦めします。

斉藤俊幸

撤退と再興の農村戦略

複数の未来を見据えた前向きな縮小

林直樹 著

A5 判・220 頁／定価本体 2400 円＋税

撤退の農村計画

過疎地域からはじまる戦略的再編

林直樹・齋藤晋 編著

A5 判・208 頁／定価本体 2300 円＋税

少人数で生き抜く地域をつくる

次世代に住み継がれるしくみ

佐久間康富・柴田祐・内平隆之 編著

A5 判・176 頁／定価本体 2300 円＋税

住み継がれる集落をつくる

交流・移住・通いで生き抜く地域

山崎義人・佐久間康富 編著

A5 判・232 頁／定価本体 2400 円＋税